JUAN LUIS SANTOS

El efecto protector de los probióticos

JUAN LUIS SANTOS

El efecto protector de los probióticos

microbiota intestinal

Editorial Académica Española

Imprint

Cover image: www.ingimage.com

Publisher:
Editorial Académica Española
is a trademark of
Dodo Books Indian Ocean Ltd. and OmniScriptum S.R.L publishing group

120 High Road, East Finchley, London, N2 9ED, United Kingdom
Str. Armeneasca 28/1, office 1, Chisinau MD-2012, Republic of Moldova, Europe
Printed at: see last page
ISBN: 978-613-9-46492-0

Resumen

La diarrea aguda infecciosa constituye un problema a nivel mundial y se traduce en desnutrición, morbilidad y muerte ya que la microbiota intestinal constituye un complejo ecosistema de los probioticos que desempeñan una importante función en el tratamiento de la diarrea aguda infecciosa. Como consecuencia de ello, se ha producido una rápida incorporación de cepas bacterianas con funciones beneficiosas definidas (probióticos). El efecto protector de las bacterias probióticas frente a patógenos gastrointestinales y sus mecanismos de acción ha sido una de las áreas que ha despertado mayor interés. Las cepas del género *Bifidobacterium* son integrantes mayoritarios de la microbiota intestinal y uno de los principales grupos de probióticos. Este género se considera esencial para el mantenimiento del equilibrio intestinal. Ciertas bifidobacterias son capaces de ejercer *in vitro* efectos antagónicos frente a importantes patógenos gastrointestinales pertenecientes a los géneros *Listeria*, *Clostridium, Salmonella, Shigella, Proteus, Escherichia y Candida*. Datos clínicos también permiten atribuir una función protectora a ciertas bifidobacterias probióticas frente a las diarreas infecciosas agudas y la diarrea asociada a antibióticos. Existe un número cada vez mayor de estudios que indican que algunas bifidobacterias pueden contribuir a fortalecer las defensas todavía inmaduras en edades tempranas de la vida mediante diversos mecanismos (exclusión competitiva, inmunomodulación, síntesis de compuestos antimicrobianos, entre otros). En general, el uso de probióticos sería útil en la práctica diaria, disminuyendo la duración de la diarrea.

Introducción

La diarrea se define como un cambio en el tránsito intestinal de un individuo en particular, caracterizada por un aumento en el contenido líquido, volumen y, usualmente, de la frecuencia de las deposiciones. La terapia más importante para la diarrea aguda asociada a deshidratación es la rehidratación oral. Sin embargo, ésta no produce una disminución sustancial de la duración del episodio diarreico ni tampoco una disminución del volumen y numero de las deposiciones. Lo anterior hace importante el estudio de terapias complementarias. La diarrea infecciosa ocurre más frecuentemente en países en vías de desarrollo que en aquéllos industrializados. En los países subdesarrollados experimentan de seis a doce episodios de diarrea aguda al año en comparación a dos episodios en Estados Unidos. La diarrea aguda usualmente es autolimitada en los países desarrollados; sin embargo, en aquéllos en desarrollo este tipo de enfermedad puede traducirse en desnutrición, morbilidad asociada y muerte. En los países en desarrollo las muertes son más frecuentes en menores de cinco años. A nivel mundial, el rotavirus es el agente más frecuente productor de diarrea aguda severa y de mortalidad asociada a diarrea en niños. Dentro de los agentes bacterianos destacan: *Escherichia coli* enterotoxigénica, *Salmonella, Shighella, Yersinia, Campylobacter,* y *Vibrio cholera*. Los parásitos más frecuentes que producen diarrea son *Cryptosporidium* y *Giardia*. La etiología infecciosa de esta enfermedad dependerá de factores locales como la disponibilidad de agua potable y medidas sanitarias. El tratamiento actual de la diarrea aguda es principalmente de soporte e incluye primariamente manejo sintomático. Recientemente, los probióticos han sido propuestos como terapia adyuvante en el tratamiento en la diarrea aguda. Los probióticos son un grupo de organismos bacterianos y fúngicos que se cree tiene efectos beneficiosos en la salud humana cuando colonizan el intestino. Los probióticos, que incluyen a los *Lactobacillus y bífidobacterias*, podrían inhibir a los patógenos entéricos mediante la secreción de agentes antibacterianos (Kahn *et al.*, 2009). Adicionalmente, la competencia por receptores de la mucosa intestinal podría prevenir la adhesión y sobre crecimiento de bacterias gram negativas aerobias enterotóxicas y virus enteropatogénicos, así de esta manera permitir la adherencia de organismos más beneficiosos a la superficie intestinal. El aumento de la producción de ácidos grasos volátiles y la reducción del pH fecal podrían también jugar un rol crucial en la inhibición de los organismos enterotóxicos. Además, la ingestión de *Lactobacillus* GG* podría ejercer efectos inmunomoduladores que disminuirían la inflamación intestinal. Los probióticos más conocidos son las bacterias ácido lácticas y el hongo *Saccharomyces*. Cepas probióticas similares pueden tener efectos clínicos distintos, por lo que el comité experto de la Organización de las Naciones Unidas para la Agricultura y la Alimentación (FAO) y la Organización Mundial de la Salud (OMS) enfatizan que los resultados beneficiosos observados en una cepa no pueden extrapolarse a otras cepas similares. La mayoría de los estudios sobre los probióticos apoyan su eficacia en el tratamiento de la diarrea aguda. A pesar de esto, no son utilizados ampliamente por los pediatras. Analizar críticamente la evidencia existente hasta este momento con respecto al uso de probióticos en el manejo de la diarrea aguda infecciosa.

* *Lactobacillus rhamnosus* GG, cepa que fue aislada en 1983 del tramo intestinal de un ser humano sano; archivado para patente el 17 de abril de 1985, por Sherwood Gorbach y Barry Goldin; y el 'GG' deriva de las iniciales de sus apellidos.

Probióticos

Lilly y Stillwell (1965) utilizaron por primera vez el término probiótico para definir cualquier sustancia u organismo que mejorase el equilibrio microbiano intestinal. Posteriormente Fuller (1989) lo definió como un suplemento alimentario microbiano vivo que afecta de forma beneficiosa al animal huésped a través de la mejoría de su balance microbiano intestinal (Esparza y Fragoso, 2010).

Gibson y Robertfroid (1995), trabajo extensamente con los prebióticos, añadió un concepto cuantitativo a dicha definición, de manera que actualmente se considera a los probióticos como microorganismos que cuando son ingeridos en cantidades adecuadas ejercen un beneficio sobre el huésped.

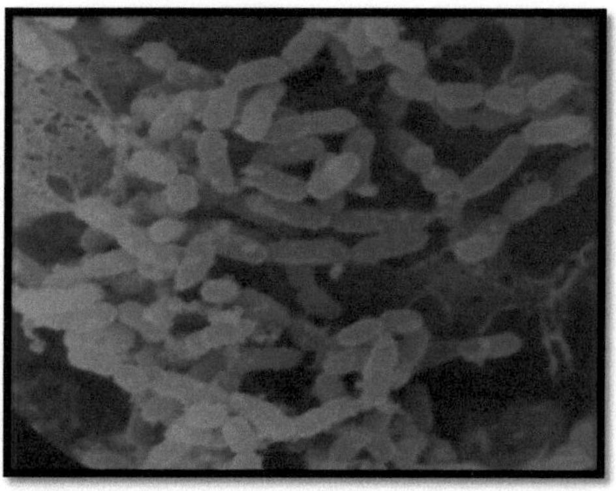

Microfotografía electrónica de *Lactobacillus salivarius* (Guarner *et al.*, 2008).

Recientemente se ha mostrado que a través de la ingeniería es posible no sólo aumentar el efecto de cepas ya existentes, sino que también crear probióticos completamente nuevos. Aunque los probióticos han sido propuestos en enfermedades inflamatorias, infecciosas, neoplasias y alergias, la cepa probiótica ideal para estas indicaciones aún no ha sido definida. Estudios han incluso demostrado que la combinación de probióticos puede tener efectos antagónicos en determinadas situaciones. Además, guías sobre el uso de probióticos no han sido claras en definir cuál es la mejor cepa, dosis, modo de administración y métodos para monitorizar su eficacia (Quera *et al.*, 2005).

Los probióticos son microorganismos de forma bacilar o cocobacilar gram positivos no esporulados y se utilizan fundamentalmente dos géneros: *Lactobacillus y Bifidobacterium.* Tienen la propiedad se desdoblar algunos carbohidratos para producir compuestos de menor peso molecular, como los ácidos láctico, propionico, fórmico, acético, Co_2, diacetilo, H_2O_2, entre otros.

Estos productos contribuyen a mejorar procesos digestivos, combatir la microbiota patógena intestinal, mantener el equilibrio inmunológico. Estos microorganismos ya se encuentran disponibles en el mercado en forma de tabletas, capsulas, en polvo y adicionados a alimentos. Sin embargo, se pueden aislar de alimentos de origen animal y vegetal fermentados en forma natural (Olagnero *et al.,* 2007).

Historia

Los humanos han consumido cultivos de bacterias vivas por siglos en forma de leches fermentadas sin nungun conociemiento de los ingredietes activos o de su funcionamiento. En 1907 el biólogo ucraniano y premio Nóbel, Elie Metchnikoff, después de descubrir la bacteria *Lactobacillus bulgaricus* y dedicar la última década de su vida al estudio de las bacterias ácido-lácticas, llega a la conclusión de que el consumo de productos que contengan estas bacterias alarga la vida. El término probiótico es una palabra relativamente nueva que significa “a favor de la vida” y actualmente se utiliza para designar las bacterias que tienen efectos beneficiosos para los seres humanos y los animales. Eli Metchnikoff afirmó que "la dependencia de los microrganismos intestinales con respecto a los alimentos hace posible adoptar medidas para modificar la flora de nuestro organismo y sustituir los microrganismos nocivos por microrganismos útiles" (Cervantes, 2014).

Por entonces el pediatra francés Henry Tissier observó que los niños con diarrea tenían en sus heces un escaso número de bacterias caracterizadas por una morfología peculiar en forma de Y. Estas bacterias "bífidas" eran, por el contrario, abundantes en los niños sanos (Tissier, 1906). Sugirió la posibilidad de administrar estas bacterias a pacientes con diarrea para facilitar el restablecimiento de una microbiota intestinal sana. Las obras de (Metchnikoff 1907) fueron las primeras en las que se hicieron propuestas científicas con respecto a la utilización probiótica de bacterias. (Manzano *et al.*, 2012).

Las observaciones de (Metchnikoff 1907; Tissier 1906) resultaron tan atractivas que, inmediatamente después, sus obras científicas fueron objeto de explotación comercial. Lamentablemente, los resultados no siempre fueron positivos por lo cual la mayoría de esas observaciones tuvieron un carácter anecdótico. Por consiguiente, se consideró que el concepto de probiótico no estaba demostrado científicamente de manera que durante decenios recibió escasa atención, aparte de algunas investigaciones sobre ellos encaminadas a encontrar sucedáneos saludables para los agentes promotores del crecimiento. Sin embargo, en los 20 últimos años la investigación sobre los probióticos ha progresado considerablemente e igualmente se han realizado avances notables en la selección y caracterización de cultivos de probióticos concretos como en la justificación de las declaraciones de propiedades saludables en relación con su consumo. Por lo que al revisar la historia nos damos cuenta que la aparente innovación que supone el recomendar el consumo de alimentos con microorganismos vivos por sus efectos beneficiosos no es más que el resultado de recuperar un concepto que ya existía, al menos desde comienzos del Siglo XX. Concepto que se había perdido hasta hace menos de dos décadas.

Originalmente el término probiótico se utilizaba para designar sustancias imprescindibles para tener una buena salud. No fue hasta 1989 cuando, (Fuller

1989) acuñó el término probiótico para nombrar exclusivamente a aquellas bacterias vivas que ingeridas mejoran la microbiota intestinal (Manzano *et al.*, 2012).

Como microorganismos probióticos se utilizan, sobre todo, aunque no exclusivamente, bacterias de los géneros *Lactobacillus* y *Bifidobacterium*, actualmente el número de alimentos probióticos puestos a disposición de los consumidores es cada vez mayor. Para comprender la importancia del concepto de alimento probiótico para la salud humana son necesarias algunas consideraciones ecológicas acerca de la microbiota intestinal (FAO, 2006).

Las bacterias viven normalmente en el cuerpo humano (así como en el de los animales superiores y los insectos), incluido el aparato digestivo, donde existen más de 400 especies bacterianas, más de la mitad del peso de la materia que se encuentra en el colon corresponde a células bacterianas cuyo número es diez veces superior al de las células de los tejidos que constituyen el cuerpo humano. El estómago contiene normalmente pocas bacterias (103 unidades formadoras de colonias por ml de jugo gástrico), mientras que la concentración bacteriana aumenta a lo largo del intestino hasta llegar a una concentración final en el colon de 1012 bacterias/g.

La colonización bacteriana del intestino comienza con el nacimiento, ya que los recién nacidos permanecen en un medio estéril hasta que comienza el parto, y continúa durante toda la vida, con cambios notables en función de la edad (Mitsuoka, 1982). Las bacterias, que forman la denominada microbiota intestinal residente, no suelen tener efectos nocivos agudos, y se ha demostrado que algunas de ellas son necesarias para mantener el bienestar de su huésped. Cabe citar como ejemplo de la función beneficiosa de la microbiota intestinal lo que se ha denominado la "resistencia a la colonización" o “efecto de barrera” (Vollaard y Clasener, 1994).

Lo anterior en referencia al mecanismo que utilizan las bacterias ya presentes en el intestino para mantener su presencia en ese medio y evitar la colonización de esas mismas zonas intestinales por microorganismos ingeridos recientemente, incluidos patógenos. Por consiguiente, cabe suponer que la manipulación alimentaría de la microbiota intestinal con objeto de aumentar el número relativo de "bacterias beneficiosas" podría contribuir al bienestar del huésped. Ésta fue también la hipótesis original de Metchnikoff, quien, no obstante, advirtió: "Deberían realizarse investigaciones sistemáticas sobre la relación de los microrganismos intestinales con la senilidad precoz, y sobre la influencia de los regímenes alimenticios que impiden la putrefacción intestinal, prolongando la vida y manteniendo la fuerza del organismo" (FAO, 2006).

Características de los probióticos

Los microorganismos probióticos son bacterias acido lácticas que pertenecen a los géneros *Lactobacillus* y *Bifidobacterium*, tradicionalmente se han clasificado con base en sus propiedades morfológicas, crecimiento a diferentes temperaturas, capacidad fermentadora de glucosa y otros carbohidratos, también por la configuración de ácido láctico producido. Los *lactobacillus* son bacilos Gram positivos, no esporulados, aerotolerantes, acidotolerantes, catalasa negativa, carentes de citocromo; aunque se presentan excepciones cuando algunas especies cultivadas en medios ricos en hematina o compuestos relacionados pueden sintetizar catalasa; también son estrictamente fermentadores produciendo una gran diversidad de ácidos, siendo el principal el láctico. Las especies del genero *Bifidobacterium* son cocobacilos Gram positivos, no esporulados, generalmente anaerobios estrictos, pero pueden crecer bajo condiciones microaerofilos cuando están en presencia de CO_2 (Cabrera y Fadragas, 2005).

Requisitos que deben cumplir los probióticos

Las cepas de microorganismos probióticos deben presentar y mantener unas características que garanticen su crecimiento, así como su supervivencia en el alimento que lo contiene o al que se adiciona, como también durante su tránsito a través del estómago e intestino delgado, y su capacidad de adherirse a las mucosas del intestino grueso. Entre las principales características se encuentran:

Viabilidad

La viabilidad es la capacidad que tienen estos microorganismos de permanecer vivos, tanto en el alimento como en el intestino del consumidor durante un tiempo determinado, con el fin de lograr los beneficios de dichos alimentos (Salazar y Montoya, 2003). Estos microorganismos deben de resistir las concentraciones de ácido y sales biliares del estómago o intestino delgado de los seres humanos. Para comprobar la resistencia a estos medios adversos existe una prueba que se realiza in vitro a pH=2 y con las sales biliares a una concentración de 0.3% peso vivo; porque no todas las especies de los géneros *Lactobacillus* y *Bifidobacterium* presentan esta característica, por lo tanto, es un criterio importante para seleccionar un microorganismo probiotico.

Adherencia a la mucosa intestinal

Los microorganismos probioticos tiene la capacidad de sintetizar un biosurfactante de composición glicoproteica, el cual favorece la adhesión a las superficies de las células M o microcrestas y a las placas de peyer, de esta manera compiten con los microorganismos enteropatogenos e impiden que estos colonicen el intestino, lo que conlleva en última instancia a estimular el sistema inmunológico, presentándose un aumento en los niveles de Inmunoglobulinas en el organismo.

Producción de sustancias antimicrobianas

Cuando estos microrganismos metabolizan carbohidratos, sintetizan compuestos como: ácido láctico, fórmico, acético; peróxido de hidrógeno, aniones súper oxido y radicales hidroxilos; dióxido de carbono; diacetilo, acetaldehído e isómeros D de aminoácidos. También pueden sintetizar algunas sustancias llamadas bacteriocinas como la reuterina, de naturaleza no proteica con bajo peso molecular que ejercen una acción antimicrobiana, al actuar sobre estructuras específicas de los diferentes microorganismos que ellos inhiben. Esto cobra mayor importancia cuando tales microorganismos son patógenos, como es el caso de la *Escherichia coli, Pseudomonas spp, Clostridium perfringens y C. difficile* principalmente (Salazar y Montoya, 2003).

Condiciones deseables de un probiótico

La condición básica de todo probiótico es la de tener un efecto beneficioso sobre el huesped y ampliando el espectro debe reunir las siguientes características, debe:

a).-No ser patógeno para el ser humano incluso para las personas con inmunocompromiso, no ser tóxico y no ir asociado con enfermedades gastrointestinales ni con otras como la endocarditis infecciosa.

b).-Tener una alta resistencia a su paso por el tránsito intestinal y por lo tanto una alta resistencia a las enzimas proteolíticas de la luz intestinal. Ser estable frente a ácidos y bilis, además de no conjugarse con las sales biliares. En resumen, tienen que tener una alta supervivencia en el ecosistema intestinal permaneciendo vivo y estable.

c).-Activar el sistema inmune a través de una estimulación sin efecto pro inflamatorio.

d).-Poseer un mecanismo específico de adhesión a las mucosas para de esta manera prevenir la colonización de gérmenes patógenos.

e).-Permitir un crecimiento rápido en las condiciones habituales del ciego y todo el trayecto colónico.

f).-Tener un origen humano, como también comprobada seguridad y tolerancia.

Ventajas atribuidas a los probióticos

Dentro de las ventajas nutricionales de los probióticos cabe destacar que:

a) Aumentan el valor nutricional de los nutrientes a través de una mejora en la digestibilidad y un aumento de la absorción de minerales y vitaminas.

b) Mejoran la absorción de la lactosa y aumentan la biodisponibilidad del calcio contenido en la leche actuando indirectamente en la prevención de la osteoporosis que ocurrirá en muchos casos en la edad adulta.

c) Disminuyen los niveles del colesterol sérico actuando en la prevención de las enfermedades cardiovasculares (Lorente y Serra, 2001).

Microbiota intestinal

La microbiota intestinal y el individuo han establecido a lo largo de su evolución conjunta una asociación simbiótica que les ha permitido alcanzar una estabilidad funcional (Marcos, 2013). El tracto gastrointestinal (GI) humano constituye un complejo ecosistema en continuo contacto con el medio externo, siendo el hábitat natural de un gran número de bacterias, que han evolucionado y se han adaptado desde hace milenios a su entorno. Este ecosistema incluye numerosos microorganismos necesarios para el mantenimiento de la homeostasis intestinal que son capaces de promover efectos beneficiosos para la salud, pero también contiene otros considerados como potenciales patógenos por su capacidad de invadir al hospedador. Se pueden diferenciar entre dos tipos de microbiota intestinal: la residente o autóctona y la pasajera o transitoria. La primera se adhiere a las células epiteliales de la mucosa, y la forman microorganismos fijos que se multiplican con rapidez, que se encuentran bien adaptados, son inocuos y estables. La flora pasajera no se fija al epitelio, ni se establece en el intestino, está constituida por los microrganismos no patógenos precedentes de la porción superior del tubo digestivo, los alimentos y el medio ambiente.

El tracto gastrointestinal (GI) del lactante sano se coloniza desde el momento del nacimiento, durante las primeras semanas de vida, y desde la primera toma de alimento, de bacterias intestinales, que van a construir la microbiota intestinal normal, generalmente de predominio anaerobio (Quintana *et al.,* 2010).

Desarrollo de la microbiota gastrointestinal (GI)

Aunque es estéril durante la vida fetal, el tubo GI entra en contacto con el medio ambiente exterior desde que el recién nacido pasa por el canal vaginal. Es en ese momento que comienza su colonización por bacterias del medio ambiente, progresaran de la boca al recto; se considera que, al año de nacido, el aparato GI del niño tendrá una microbiota relativamente semejante a la del adulto normal (Enríquez, 2010).

Desde la boca, los alimentos y los microorganismos pasan al tracto intestinal, a través del esófago, estómago, intestino delgado y finalmente llegan al intestino grueso. El material no digerido se elimina del cuerpo en forma de heces. Las primeras evacuaciones del sistema digestivo del recién nacido, es un material verde oscuro pegajoso llamado meconio, no contiene microorganismos. Solo a medida que él bebe introduce microorganismo en su boca y pasan gradualmente a su tracto intestinal inferior, aparecen estos en las heces (Ingraham, 1998).

La leche materna proporciona todos los nutrientes necesarios para garantizar un crecimiento y desarrollo adecuados durante los primeros meses de vida. El calostro y la leche materna contienen gran cantidad de factores que promueven la adaptación a la vida extrauterina. Las diferencias entre la microbiota intestinal de los niños amamantados al pecho y los que reciben una formula infantil parecen jugar un papel en la protección frente a fenómenos alergénicos e infecciones. La leche materna contiene bacterias acido lácticas y galactooligosacaridos que favorecen el desarrolla de una microbiota bifidogena. Se explica así el interés del desarrollo de alimentos funcionales, capaces de modificar la microbiota intestinal y obtener un beneficio terapéutico frente a las infecciones o a la inflamación.

Cada recién nacido tiene una microbiota intestinal única que adquiere de la madre en el momento del parto, en los nacidos por vía vaginal, inicialmente en sus heces aparecen *E.Coli* y *Enterococcus ssp,* siendo sustituidos en los primeros cinco días de bifidobacterias procedentes del medio ambiente hospitalario. La composición de la microbiota en estas edades tempranas, influida fuertemente por la dieta, de tal forma que alrededor de los diez días de vida se puede encontrar una microbiota bacteriana heterogénea, predominando bifidobacterias en el lactante alimentado al pecho y una microbiota más diversificada, parecida a la que se encuentra en el individuo adulto, en los lactantes que reciben formula.

En el 90% de los niños que son alimentados con leche materna, se presentan heces con *bifidobacterias, enterobacterias y enterococos*, estos últimos en menor cantidad. Estando ausentes los bacteroides, *estafilococos y lactobacilos.* Al iniciarse la alimentación con leches maternizadas, estas bacterias hacen su aparición, incrementándose a volúmenes importantes y disminuyendo las diferentes especies de *bifidobacterias* (Aranceta, 2010).

Composición de la microbiota bacteriana en el ser humano

El tipo de dieta, particularmente la alimentación con leche materna, influye en el tipo de microbiota que coloniza el intestino, sin embargo, una vez que la composición de la microbiota madura se ha establecido es marcadamente resistente a los cambios dietéticos.

En los niños alimentados con lactancia materna predominan las *bifidobacterias* y los *lactobacilus,* mientras en los alimentados con fórmulas artificiales la microbiota es muy diversa. A partir del momento en que la mama deja de amantar al niño, la introducción de alimentación complementaria con todo tipo de alimentos condiciona el perfil de la microbiota intestinal que progresivamente va adquiriendo el perfil de los adultos.

Las bacterias que habitan el tracto gastrointestinal humano constituyen un verdadero ecosistema que va variando en cada tramo del intestino, tanto en número como en la composición de las especies bacterianas. Desde la boca en la que existen gran cantidad de bacterias, estas pasan al esófago con la saliva y los alimentos y desde ahí al estómago donde la acidez gástrica constituye la primera barrera antibacteriana, destruyéndose la mayoría de ellas.

La microbiota del estómago está formada fundamentalmente por gérmenes Gram positivos en escasa cantidad. En los tramos altos intestinales persiste un pH relativamente acido por lo que la colonización es similar a la del estómago. Según se avanza en el intestino delgado disminuye la acidez, estableciéndose un medio alcalino, debido a la dilución de los ácidos y sales biliares, lo que facilita la colonización bacteriana, que aumenta claramente en el colon una vez traspasada la válvula ileocecal, dando lugar a que más de la tercera parte del contenido de la materia seca de las heces sean bacterias.

En el colon existe una microbiota dominante constituida por: *bacterioides, eubacterias, bifidobacterias, peptoestreptococcos* y una microbiota satélite formada por: *enterobacterias, estreptococos* y *lactobacilos*. El desarrollo de una microbiota residual constituida por gérmenes oportunistas que pueden causar enfermedad si disminuyen los mecanismos de defensa intestinal o por determinados gérmenes patógenos, dan lugar a un desequilibrio en el ecosistema, que lleva a la aparición de enfermedad.

El desarrollo de una microbiota bacteriana normal influye en todos los mecanismos de defensa del organismo humano tanto de tipo inmunológico como no inmunológico y en particular en el desarrollo de la barrera intestinal (Martínez, 2013).

Ecosistema microbiológico e inmunidad de la mucosa

El conocimiento sobre la composición microbiana del ecosistema intestinal en condiciones de salud y enfermedad sigue siendo limitado.

a).-El intestino contiene una abundante flora de 100.000 mil millones de bacterias, ubicados fundamentalmente en el colon y que comprenden cientos de especies de bacterias. La mayoría de las células bacterianas en las muestras fecales no pueden cultivarse.

b).-Hay una alta diversidad microbiana interindividual de especies y cepas; cada individuo aloja su propio patrón de composición bacteriana, determinado en parte por el genotipo del huésped y por la colonización inicial al nacimiento, por transmisión vertical (Guarner *et al.*, 2008).

c).-En adultos sanos, la composición fecal es estable con el paso del tiempo. En el ecosistema intestinal humano, dominan tres tipos de bacterias: Bacteroidetes, Firmicutes, y en menor grado Actinobacteria.

La microbiota intestinal forma un ecosistema diverso y dinámico, que incluye bacterias, Archaea y Eukarya que se han adaptado a vivir en la superficie de la mucosa intestinal o dentro de la luz intestinal.

Estómago y duodeno

a).-Alojan números muy bajos de microorganismos: menor a $1x10^3$ de células bacterianas por gramo de contenido.

b).-Fundamentalmente lactobacilos y estreptococos.

c).-Las secreciones ácidas, biliares, y pancreáticas suprimen la mayoría de los microbios ingeridos.

d).-La actividad motriz propulsiva impide la colonización estable de la luz.

Yeyuno e íleon

a).-El número de bacterias aumenta progresivamente de aproximadamente $1x10^4$ células en el yeyuno a $1x10^7$ células por gramo de contenido íleon distal *Intestino grueso.

b).-Densamente poblado por anaerobios: $1x10^{12}$ células por gramo de contenido luminal (Guarner *et al.*, 2008).

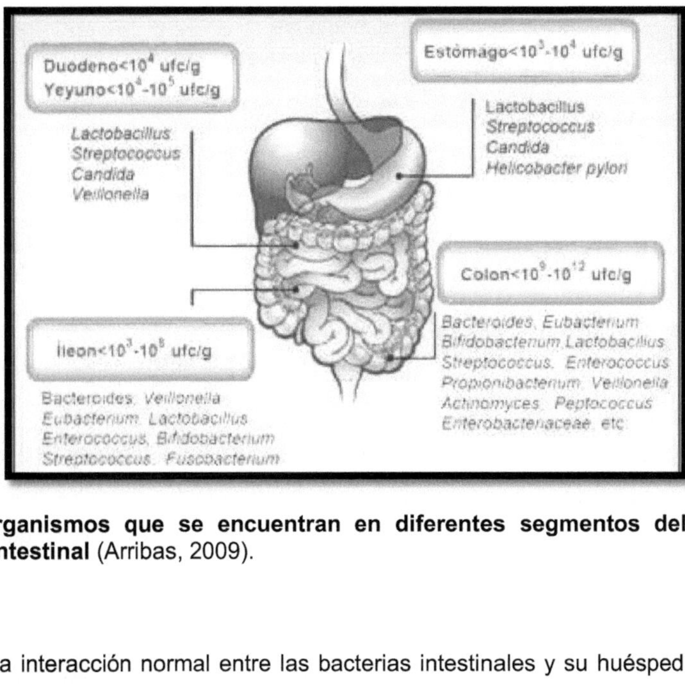

Microorganismos que se encuentran en diferentes segmentos del tracto gastrointestinal (Arribas, 2009).

La interacción normal entre las bacterias intestinales y su huésped es una relación simbiótica. Se sugiere que haya una importante influencia de las bacterias del intestino superior sobre la función inmunológica por la presencia de un gran número de estructuras linfoides organizadas en la mucosa del intestino delgado (Placas de Peyer). Su epitelio está especializado para captar y tomar muestras de antígenos, y contiene centros germinales linfoides para la inducción de respuestas de inmunidad adquirida. En el colon, los microorganismos pueden proliferar fermentando los sustratos disponibles de la dieta o las secreciones endógenas.

El intestino es el órgano relacionado con la función inmunológica más importante del organismo: aproximadamente 60% de las células inmunológicas del organismo están presentes en la mucosa intestinal. El sistema inmune controla las respuestas contra:

a).-Las proteínas de la dieta
 – Prevención de alergias alimentarias

b).-Microorganismos patógenos
 – Virus (Rotavirus, Poliovirus).
 – Bacterias (*Salmonella*, *Listeria*, *Clostridium*, entre otros).
 – Parásitos (*Toxoplasma*) (Guarner *et al.*, 2008).

Géneros, especies, y cepas de probióticos

La investigación sobre los probióticos sugiere que estos tendrían una serie de beneficios potenciales a la salud. Sin embargo, los efectos descritos solo pueden ser atribuidos a las cepas analizadas en cada estudio, y no se pueden generalizar a toda la especie ni a todo el grupo de bacterias productoras de ácido láctico (BAL) u otros probióticos.

El hecho que los efectos son específicos para cada cepa tiene varias implicancias:

a).-Deben documentarse los efectos sanitarios de cada cepa específica presente en el producto en venta.

b).-Los resultados y los artículos de revisión provenientes de estudios realizados con cepas específicas no pueden ser utilizados como prueba para avalar los efectos sobre la salud de cepas que no han sido incluidas en el estudio.

c).-Los estudios que documentan la eficacia de cepas específicas a una determinada dosis no constituyen evidencia suficiente como para respaldar los efectos sobre la salud a una dosis más baja.

Bacterias productoras de ácido láctico

Se trata de una clase funcional de bacterias fermentadoras no patógenas, no toxigénicas, Gram positivas, caracterizadas por producir ácido láctico a partir de carbohidratos, lo que las hace útiles para la fermentación de alimentos. En este grupo se incluyen las especies de *Lactobacillus*, *Lactococcus,* y *Streptococcus thermophilus*. Dado que el género *Bifidobacterium* no produce la fermentación de alimentos y es taxonómicamente diferente de las otras BAL, habitualmente no se lo agrupa entre las BAL. Muchos probióticos también son BAL, pero algunos probióticos (tales como ciertas cepas de *E. coli*, formadoras de esporas, y levaduras usadas como probióticos) no lo son (Guarner *et al.*, 2008).

Microorganismos usados como agentes probióticos.

Especies de Lactobacillus	Especies de Bifidobacterium	Otras especies
L. acidophilus	*B. adolescentes*	*Bacillus cereus*
L. bulgaricus	*B. bifidum*	*Enterococcus faecalis*
L. casei (rhamnosus)	*B. breve*	*Escherichia coli*
L. johnsonii	*B. infantis*	*Saccharomyces boulardii*
L. lactis	*B. lactis*	*Saccharomyces cerevisiae*
L. plantarum	*B. longum*	*Streptococcus thermophiles*
L. reuteri		

(Quera *et al.*, 2005).

También debe considerarse el eventual papel beneficioso de las sustancias de vehículo o relleno. Algunos efectos pueden no reproducirse cuando se cambia el vehículo/relleno utilizado, por ejemplo, debido a una disminución de la viabilidad de la cepa. Una cepa probiótica se cataloga en base a su género, especie, y a una designación alfanumérica (Guarner *et al.*, 2008).

Ejemplo de nomenclatura para las cepas probióticas.

Género	*Lactobacillus*	*Lactobacillus*
Especie	*Rhamnosus*	*casei*
Designación de la cepa	GG	DN-114-001

(Quera *et al.*, 2005).

Los nombres comerciales no están sujetos a regulación, y las compañías pueden ponerle el nombre que quieran a los probióticos que ponen en sus productos, por ejemplo, *Lactobacillus rhamnosus* GG Los probióticos están destinados a ayudar a la microbiota intestinal que se aloja en el organismo naturalmente (Guarner *et al.*, 2008).

Productos, postulados sobre la salud y comercio.

Potencial de mercado

Los productos que contienen probióticos de alto perfil han tenido un enorme éxito en Europa, Asia, y, más recientemente, en otras regiones del mundo. Este éxito comercial promoverá el consumo, el desarrollo de productos, y la investigación. A menudo los que recomiendan los probióticos son los nutricionistas, y en algunos casos son los médicos quienes los indican; existe una amplia gama de productos disponibles en el mercado.

Las afirmaciones que sostienen los efectos beneficiosos de los probióticos pueden adoptar diferentes formas, dependiendo del uso que se pretende del producto. Los postulados más comunes son aquellos que vinculan a los probióticos con la estructura y funcionamiento normal del cuerpo humano, conocidos como "postulados de estructura–función" a menudo considerados como postulados "blandos", ya que no se permite mencionar enfermedad o patología; estos postulados todavía deben ser respaldados mediante resultados consistentes derivados de estudios en humanos bien diseñados, doble-ciego, controlados con placebo. Si bien los estudios in vitro y en animales son importantes para desarrollar estrategias clínicas, no se considera que sean suficientes para respaldar dichos postulados (Maevskaya, 2009).

En ese sentido, el Consejo para la Ciencia y Tecnología Agrícolas (www.cast-science.org) ha publicado un trabajo sobre los probióticos que manifiesta lo siguiente:

a).-Es desafortunado que en la actualidad se pueda rotular productos como probióticos sin estar ni bien definidos ni probados con estudios controlados en humanos.

b).-El ritmo de la investigación sobre los probióticos se ha acelerado en los últimos años.

c).-Para algunos productos hay importantes diferencias entre lo que la eficacia demostrada en la investigación y lo que se afirma en el mercado.

d).-Se han documentado casos en los que los productos no cumplen con los postulados que figuran en sus etiquetas en relación con el número y tipo de probioticos viables presentes, y sobre la cantidad que hay que consumir para que se vea un beneficio para la salud (Guarner *et al.*, 2008).

e).-Al diseñar sus políticas sobre las nuevas cepas probióticas que se pueda introducir para uso en humanos, los gobiernos deberían examinar la evidencia científica sobre los aspectos funcionales y la inocuidad de los probióticos en los alimentos siguiendo las pautas establecidas por el grupo de trabajo de FAO/OMS en 2002.

f).-Se sugiere que los fabricantes declaren en la etiqueta el género, especie y cepa de cada probiótico en un producto, junto con el número de células viables de cada cepa probiótica que quedará al final de la vida útil (Maevskaya, 2009).

Ejemplos de cepas de probióticos en productos Cepa (designaciones alternativas).

Género y especie	Nombre de marca	Fabricante
Bifidobacterium animalis DN 173 010	Activia	Danone/Dannon
Bifidobacterium breve Yakult	Bifiene	Yakult
Bifidobacterium infantis 35624	Align	Procter y Gamble
Bifidobacterium lactis HN019 (DR10)	Howaru ™ Bifido	Danisco
Lactobacillus casei DN-114001	Actimel, DanActive	Danone/Dannon
Lactobacillus casei F19	Cultura	Arla Foods
Lactobacillus casei Shirota	Yakult	Yakult
Lactobacillus johnsonii La1 (Lj1)	LC1	Nestlé
Lactobacillus plantarum 299V	GoodBelly, ProViva	NextFoods Probi
Lactobacillus reuteri ATTC 55730	Retueri	BioGaia Biologics

(Guarner *et al.*, 2008).

Presentación de los probióticos

Las formas más comunes para probioticos son los productos lácteos y los alimentos fortificados con bacterias probióticos. Sin embargo, también existen en el mercado comprimidos, cápsulas y sachets que contienen bacterias en forma liofilizada (Guarner *et al.*, 2008).

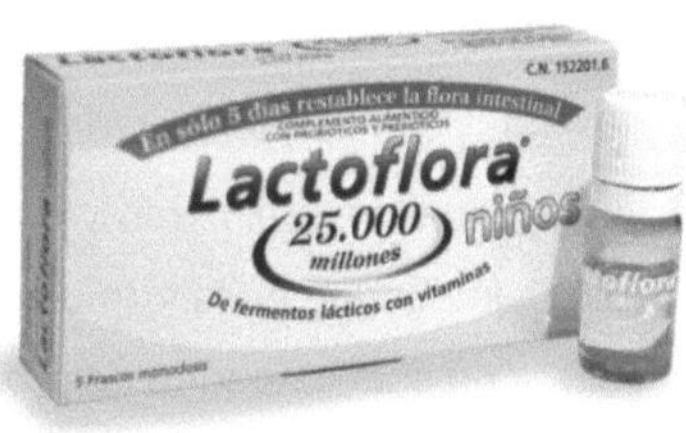

Lactoflora complemento alimenticio con prebióticos y probióticos para niños. Fuente: http://www.elsevier.es/a-revista-farmacia-profesional-3-articulo-nuevosproductos

Bio 4 producto fermentado con probióticos.
Fuente:http://www.grupolala.com/marcas/index.php?option=com_content&view=article&id=232&Itemid=112&lang=es

Los criterios mínimos exigidos para los productos probióticos son que el probiótico debe:

a). -Estar especificado por género y cepa.

b). -Contener las bacterias vivas.

c).-Ser administrado en dosis adecuada hasta el final de su vida útil (con variabilidad mínima de un lote a otro).

d).-Haber demostrado ser eficaz en estudios controlados en humanos.

Dado que las normas para las declaraciones de contenido y etiqueta sobre los productos no están establecidas universalmente y/o no se aplican universalmente, la industria debe mantener la integridad en la formulación y el rotulado para que los consumidores puedan confiar en esta categoría de productos (Guarner *et al.*, 2008).

Medición de los beneficios de los probióticos para la salud

La utilización de probióticos lleva aparejados diversos efectos en la salud. Hay datos que demuestran en diversos grados la verificación de tales efectos, y la consulta reconoció que hay informes que indican que ciertas cepas probióticas no tienen efectos clínicos en situaciones específicas. Aunque un examen riguroso de cada una de estas cuestiones quedaba fuera del ámbito de acción de la consulta, se intentó proporcionar directrices sobre los parámetros a fin de medir los beneficios para la salud.

Cuando se utilizan microorganismos probióticos a fin de conferir al huésped beneficios para la salud deben indicarse los regímenes de dosificación y duración recomendados por el fabricante de cada cepa o producto sobre la base de datos científicos y según lo aprobado en el país donde se vende. Aunque en la actualidad ésta no es la práctica habitual, la consulta recomendó firmemente que se indicara la cantidad mínima diaria de cada producto necesario a fin de que éste confiera beneficios específicos para la salud. Estos datos deberían, siempre que sea posible, ser el resultado de estudios *in vitro*, en animales (cuando sea pertinente) y en seres humanos. Más adelante se citan ejemplos para ilustrar estudios sobre cepas específicas y resultados clínicos. Para ello, no debería hacerse hincapié en una cepa concreta considerada superior a otra, sino en la suma importancia de los beneficios conferidos y de los métodos utilizados para obtener y medir dichos beneficios (FAO, 2006).

Beneficios de los microorganismos probióticos

El auge de los alimentos enriquecidos con estos microorganismos se debe a una gran variedad de beneficios que le proporciona al consumidor, los cuales se han evidenciado a través de una serie de investigaciones. Entre los más destacados se encuentran los siguientes:

a).-Facilitar la digestibilidad de la lactosa.
b).-Proteger contra enfermedades gastrointestinales
c).-Proteger contra infecciones del tracto urogenital
d).-Promover la barrera de defensa endógena
e).-Proteger contra infecciones respiratorias
f).-Previenen el eczema
g).-Prevenir infección en heridas quirúrgicas
(Salazar y Montoya, 2003).

Aplicaciones clínicas

A continuación, se resumen las principales opciones actuales sobre las aplicaciones clínicas para varios probioticos y prebióticos.

Enfermedad cardiovascular

Aún no se ha logrado probar la utilidad del uso de probióticos/prebióticos con fines preventivos y para reducir el riesgo de enfermedad cardiovascular (Guarner *et al.*, 2008).

Cáncer de colon

El estudio SYNCAN* evaluó el efecto de la oligofructosa más dos cepas probióticas en pacientes en riesgo de presentar cáncer de colon. Los resultados del estudio sugieren que una preparación simbiótica puede disminuir la expresión de biomarcadores para cáncer colorectal.

Estudios experimentales han mostrado que la flora bacteriana intestinal cumple un papel fundamental en el desarrollo de adenocarcinoma de colon. Estos mismos estudios han sugerido que *Lactobacillus salivarus* 118 podría disminuir la prevalencia de cáncer de colon asociado a colitis. La viabilidad y dosis de los probióticos serían factores fundamentales en su efecto sobre el cáncer colorectal (González *et al.*, 2015).

*SYNCAN: stands for Synbiotics and Cancer Prevention in Humans (project). El proyecto SYNCAN tiene como objetivo determinar si los nuevos conceptos de nutrición, por ejemplo, prebióticos, probióticos y simbióticos, pueden reducir, de forma efectiva, el riesgo de padecer cáncer colorectal.

Enfermedad diverticular

Recientemente un estudio demostró que en pacientes con diverticulitis no complicada, *Escherichia coli* no-patogénica puede disminuir de manera significativa los síntomas abdominales y prolongar el período de remisión. Sin embargo, se requieren estudios randomizados controlados para establecer la eficacia de los probióticos en pacientes con esta patología (González *et al.*, 2015).

Diarrea post radioterapia

Estudios experimentales han demostrado que el tratamiento con *L. plantarum* 299v aumenta la concentración de colágeno y disminuye la actividad de mieloperoxidasa comparada con el grupo sin tratamiento. Una preparación con ocho cepas diferentes de probióticos puede prevenir la diarrea inducida por radiación (González *et al.*, 2015).

Colitis ulcerosa

La Colitis ulcerosa es considerada una enfermedad inflamatoria intestinal de etiología desconocida. La ingesta de probióticos, representa una opción terapéutica novedosa para alterar la microbiota intestinal mediante el aumento de la concentración de bacterias beneficiosas y la reducción en los niveles de microorganismos patógenos.

En un estudio controlado, *Escherichia coli* no-patógena fue tan efectiva como mesalazina en inducir y mantener la remisión. Sin embargo, este efecto positivo no puede ser completamente atribuido al uso de probiótico, ya que todos los pacientes estaban recibiendo un tratamiento estándar, incluyendo esteroides.

El probiotico VSL3# es efectivo en reducir el grado de inflamación activa en paciente con enfermedad leve-moderada y en prevenir los episodios de recaída. Un interesante y provocativo estudio mostró que el uso de enemas fecales desde sujetos normales puede revertir cuadros de colitis ulcerosa refractaria. Se han sugerido que el probiótico VSL#3 puede ser efectivo en pacientes con pouchitis, en un estudio randomizado, controlado y doble ciego, VSL#3 disminuyó de manera significativa las recaídas de pouchitis posterior a la reducción de la remisión con antibióticos.

El mismo grupo ha mostrado recientemente que esta asociación de probióticos puede disminuir el riesgo de pouchitis después del pouch ileoanal. Sólo 10% de los pacientes tratados con VSL#3 presentaron un episodio de pouchitis, comparado con 40% en el grupo tratado con placebo; además, el grupo tratado tuvo una mejor evaluación de la calidad de vida. VSL#3 podría ser efectivo en casos de pouchitis refractarias o recurrentes; el período de remisión fue mantenido en 85% en el grupo tratado, comparado con 6% en pacientes con placebo. Otras probióticos también han mostrado ser efectivos en disminuir el índice de actividad de la pouchitis. (González *et al.*, 2015).

Enfermedad de Crohn

Los resultados obtenidos en pacientes con enfermedad de Crohn han sido hasta ahora, conflictivos y poco claros, dado el número pequeño de casos incluidos, diferencias en el grado de actividad y en el área comprometida. *S. boulardii* asociado con mesalazina (2g/día) fue más efectivo que mesalazina sola en disminuir las recaídas. (Bousvaros *et al.*, 2005) mostraron que *Lactobacillus* GC permitió suspender el tratamiento esteroidal en tres de cuatro niños con enfermedad de Crohn.

Como la exposición de la mucosa del íleon terminal al contenido intestinal activa rápidamente la respuesta inmune, con reclutamiento de células inflamatorias y diferenciación de células mononucleares hacia macrófagos activos y células epiteloideas, estudios han sugerido que los probióticos podrían tener un efecto positivo en la recurrencia postoperatoria en pacientes con enfermedad de Crohn. Sin embargo, nuevamente otros han mostrado que la administración de

Lactobacillus GC por un año, no tiene ningún efecto significativo sobre la recurrencia clínica comparado con un grupo control (González *et al.*, 2015).

Colitis aguda secundaria a antiinflamatorios

Aunque estudios experimentales han mostrado que los *Lactobacillus* podrían tener un efecto protector sobre el daño por ácido acetilsalicílico, estudios nacionales no han podido confirmar estos resultados. (Cáceres *et al.*, 2010), el consumo de probióticos puede ser de utilidad para reducir el riesgo de diarrea, disminuir la severidad de alergia, aliviar la sintomatología digestiva en sujetos con síndrome de intestino irritable, mejorar la tolerancia a la lactosa en sujetos hipolactásicos, y estimular la inmumdad en sujetos con inmuodeficiencia moderada, por lo cual su consumo regular representa un beneficio para la salud del consumidor. Se requieren más estudios controlados para confirmar el efecto de los probióticos sobre la colitis secundaria a aspirina® y/o antiinflamatorios no esteroideos (González *et al.*, 2015).

Intolerancia a la Lactosa

El uso de probióticos en personas con intolerancia a la lactosa reduce los síntomas de inflamación o hinchazón, posiblemente como consecuencia de la presencia de la lactasa microbial presente en las bacterias acido lácticas, mejorando así la digestión de la lactosa. Sin embargo, existe una amplia variedad en la actividad de lactasa de los diferentes probióticos, lo cual, finalmente influye en su efecto (Manzano *et al.*, 2012).

Utilidad de los probióticos en la Diarreas.

Los probióticos son considerados como alimentos funcionales que parecen modificar inmunológicamente la respuesta del intestino. Existe evidencia que demuestra su efectividad cuando se identifica la causa de la DC, como en el Sindrome del intestino irritable (SII), enfermedad inflamatoria crónica intestinal y en la diarrea asociada a antibióticos. En el SII el utilizar combinaciones con bífidobacterias puede ser benéfico para mejorar los síntomas asociados con a la diarrea. Para enfermedad inflamatoria intestinal, múltiples estudios han demostrado que en colitis ulcerativa crónica idiopática (CUCI) la utilización de bífido bacterias, *S. bulardi* y VSL#3 son eficaces para inducir y mantener la remisión de la enfermedad (Troche *et al.*, 2010).

Diarreas agudas

Definimos diarrea como un "proceso, habitualmente autolimitado, que se caracteriza por el aumento en el volumen y numero de las deposiciones, junto a una disminución de su consistencia habitual" (De Miguelsanzy y Romero, 2006).

La gastroenteritis aguda es una inflamación de la mucosa gástrica e intestinal. Se traduce clínicamente en un cuadro de diarrea de instauración rápida, con o sin signos y síntomas acompañantes tales como náuseas, vómitos, fiebre o dolor abdominal. Se considera diarrea aguda a la presencia de heces líquidas o acuosas, generalmente en número mayor de tres en 24 horas y que duran menos de 14 días; la disminución de la consistencia es más importante que la frecuencia. El número de evacuaciones intestinales hechas en un día varía según la dieta y la edad de la persona. Los lactantes alimentados al seno materno tienen evacuaciones intestinales blandas frecuentes; esto no es diarrea (Uyuguari y Alexandra, 2011).

Epidemiología

Las infecciones gastrointestinales son un problema de salud pública mundial. En el año 2015, se estimó una incidencia de 688 millones de casos en el mundo con 499.000 muertes en niños bajo los cinco años. Si bien la implementación de medidas de higiene, prevención y tratamiento han disminuido considerablemente la mortalidad de las diarreas infecciosas en países en desarrollo, la morbilidad y los costos asociados continúan siendo un problema de salud pública (Mokomane et al., 2018).

La enfermedad diarreica aguda es la segunda causa principal de muerte en todo el mundo y puede causar deshidratación, y la misma si no es tratada de manera adecuada y oportuna puede poner en peligro la vida. Se estima que más del 26% de la población infantil mundial se ve afectada por la presencia de diarrea continua y es por ello que se necesitan de mayores esfuerzos para reducir la incidencia y la mortalidad por infecciones intestinales en niños que comprenden edades preescolares (Viteri, 2023)

En México, en 2017 las enfermedades diarreicas agudas representaron una tasa de mortalidad de 0.6 por cada 100 000 menores de cinco años, por lo cual siguen considerándose como un problema de salud pública. Asimismo, el porcentaje de menores de cinco años que cursaron con enfermedades diarreicas agudas en 2018-2022 ha oscilado entre 11.8-9.4%, respectivamente. Entre los factores asociados con el riesgo de desarrollar enfermedad diarreica aguda se encuentran bajo nivel socioeconómico, higiene deficiente y no disponer de servicios de saneamiento básicos, exposición al agua o a alimentos contaminados; en población infantil se añade la desnutrición, ausencia o prácticas inapropiadas de lactancia materna, peso bajo al nacer, esquema de vacunación incompleto, entre otros, sin embargo, son factores prevenibles y tratables (Delgado *et al.,* 2023).

La diarrea continúa siendo un problema importante de Salud Pública por ser una de las principales causas de muerte en niños y niñas, por el elevado número de casos que se presentan anualmente y por los gastos que genera el tratamiento médico general o especifico de los enfermos (Guarderas, 2012).

Sin embargo, enfermedad puede traducirse en desnutrición, morbilidad asociada y muerte (OPS/OMS, 2007).

Las enfermedades diarreicas y las parasitosis se encuentran entre las primeras causas de morbilidad en menores de cinco años en las Américas, y esto incide en tres indicadores de salud: la esperanza de vida al nacer, la tasa de mortalidad infantil (Uyuguari y Alexandra, 2011).

Diagnóstico

En un episodio de diarrea aguda la preocupación debe ser valorar la intensidad de la diarrea para prevenir o tratar la deshidratación. Para ello es fundamental elaborar una anamnesis completa y examen físico. Es importante descartar otras complicaciones y realizar el diagnóstico diferencial. Se debe verificar al inicio la presencia de fiebre o vómitos, la frecuencia de las evacuaciones, sus características y la presencia o no de elementos patológicos (sangre, moco o parásitos). Se debe considerar el uso de medicamentos y la historia de otros posibles factores en asociación con el cuadro, incluyendo los antecedentes familiares. En esta evaluación es importante la historia alimentaria, la duración de la lactancia materna y la ingestión de líquidos. En el examen clínico es esencial realizar la evaluación antropométrica (peso y talla) e identificar signos de deshidratación.

La investigación de agentes enteropatogénos se debe realizar siempre que sea posible, en particular en los niños menores de 12 meses de edad, prematuros, niños con pérdida de peso importante (más de 10% de peso corporal), en presencia de sangre en las heces, en pacientes inmunosuprimidos ante la sospecha de síndrome urémico-hemolítico o de infección por *Clostridium difficile*. La investigación de posibles agentes enteropatogénos debe ser una prioridad si hay otros casos en el medio ambiente, si la infección se produjo en el medio hospitalario y si se sospecha de contaminación de los alimentos.

En resumen, es importante elaborar una historia clínica detallada desde el comienzo de la enfermedad diarreica que incluya la historia alimentaria, el antecedente de alimentación con leche materna, las condiciones socioeconómicas y de la vivienda, los antecedentes patológicos del niño incluyendo la historia de episodios previos de diarrea y la historia de salud de la familia. El examen físico es necesario para determinar el estado nutricio e identificar complicaciones. Los exámenes de laboratorio deben incluir estudios de las heces para búsqueda de los principales agentes enteropatogénos, pruebas de evaluación de las funciones de digestión y absorción (preferiblemente no invasivas) para determinar malabsorción intestinal y si es posible, evaluación de electrolitos fecales para identificar la diarrea osmótico secretoria.

Por último, en muchos casos, es necesario realizar una biopsia del intestino delgado para la evaluación de las vellosidades y la presencia del infiltrado inflamatorio en la lámina propia, así como para eliminar posibles causas específicas y demostrar la magnitud del daño intestinal para enfocar el mejor régimen terapéutico. En casos donde el sangrado rectal se produce simultáneamente se debe considerar la biopsia rectal para evaluar el grado y el tipo del proceso inflamatorio del colon (Larrosa y Vasquez, 2011).

Patogenia

Las causas pueden ser agrupadas bajo cuatro grandes grupos:

a).-Virales
b).-Bacterianas
c).- Parasitarias
d).-No infecciosas

La diarrea puede ser interpretada como un aumento de la cantidad de agua y electrolitos llevando a la producción de deposiciones no formadas. La pérdida del balance entre la absorción y la secreción en la pared intestinal es la que lleva a un aumento de la cantidad de agua en las deposiciones. A menudo, algunos microorganismos no invasivos, que son especialmente activos a nivel intestinal, causan diarrea acuosa sin fiebre o con fiebre de escasa cuantía. Estos organismos producen diarrea a través de una variedad de interacciones con la mucosa intestinal. Un buen ejemplo es *E. coli* enterotoxigénica y *Vibrio cholerae* que se ubican en el lumen intestinal y causan diarrea sin invasión del epitelio intestinal, a través de la producción de enterotoxinas que inducen secreción de fluidos. Algunos organismos dañan la superficie de absorción de las microvellosidades lo que puede llevar a una deficiencia de las disacaridasas, como ocurre con *G. lamblia*. Otros son invasivos y penetran el epitelio intestinal produciendo una reacción inflamatoria: *Shigella*, *Campylobacter* y *Salmonella*.

Desde el punto de vista clínico, estos cuadros son febriles y con mayor compromiso del estado general. Dentro de las causas no infecciosas podemos señalar aquellas en que la toxina o sustancias vasoactivas están presentes en los alimentos antes de su consumo. Ejemplo de esto son las denominadas intoxicaciones alimentarias (Larrosa y Vasquez, 2011).

Principales patógenos y otros causantes de la diarrea aguda.

Bacterias	Virus	Parásitos	Agentes no infecciosos (Intox. alimentarias)
E. coli enterotoxigenica	Rotavirus	*Giardia lamblia*	Enterotoxinas: -*Staphylococcus aureus*
Shigella	Norovirus	*E. histolytica*	-*Bacillus cereus*
C. jejuni	Adenovirus	*Cryptosporidium*	-*Clostridium perfringens*
Salmonella sp.	Sapovirus	*Isospora belli*	-Marea roja
Aeromonas		*Cyclospora*	Escombrotoxismo
Plesiomonas shigelloides		*Cayetanensis*	
Vibro parahemolyticus			
Otras E. coli			
Clostridium difficile			

(Weitz *et al.*, 2008).

Aspectos clínicos

Mientras la edad del niño es menor, mayor es el riesgo de pérdidas hidroelectrolíticas. Las pérdidas resultantes de la diarrea aguda y los vómitos pueden ser de tal intensidad que se afecte el volumen circulante además de las pérdidas de los espacios extra e intracelular, lo que origina deshidratación. Independientemente del agente causal, el paciente presenta heces líquidas con o sin sangre después de un periodo de incubación de uno a siete días. Las complicaciones de la deshidratación pueden incluir a la insuficiencia renal o prerrenal, choque tóxico o hipovolémico y acidosis metabólica. La presencia de alteraciones del estado de alerta y de convulsiones puede presentarse como resultado de las alteraciones electrolíticas y de hipoglucemia. (Larrosa y Vasquez, 2011).

Las características clínicas de los pacientes con diarrea persistente no varían de acuerdo al agente causal. En la mayoría de los casos, estos niños no reciben la lactancia o fueron destetados a muy temprana edad. El cuadro inicial es un episodio agudo pero que se asocia a malabsorción que si no se controla con un adecuado manejo dietético conducirá a desnutrición y sus consecuencias.

Los niños con diarrea persistente suelen tener una mayor vulnerabilidad en su capacidad de respuesta inmune, lo que favorece la instalación de procesos infecciosos de agentes oportunistas que pueden originar una infección sistémica con un alto riesgo de muerte. Con la ocurrencia de episodios diarreicos repetidos o con diarrea persistente empeora el estado nutricio. Este fenómeno se vuelve más grave cuando el apoyo nutricional es deficiente en etapa de convalecencia en la que ocurren hiporexia y prácticas inadecuadas de realimentación. La diarrea persistente parece representar el resultado final de una variedad de agresiones a un niño predispuesto a frecuentes y graves episodios de diarrea por una combinación de factores entre el huésped y la contaminación ambiental.

Estos episodios generalmente ocurren en niños menores de tres años de edad. La desnutrición proteínico-energética constituye el principal factor de riesgo para la evolución a diarrea persistente. Sin embargo, otros factores de riesgo pueden ser la etiología de la diarrea aguda inicial, deficiencia de zinc, ausencia de alimentación con leche materna, sexo masculino, infecciones por las cepas de *Escherichia coli* enteropatogénica, enteroagregativa o *Cryptosporidium* e historia de retraso en el crecimiento intrauterino. Bhutta *et al.,* (2014) mostraron que los factores que aumentan el riesgo para el desarrollo de este síndrome están relacionados con el medio ambiente e incluyen falta de higiene, contacto con animales, transmisión fecal-oral de patógenos entéricos, la edad, la desnutrición grave y deficiencias del estado inmunológico (Larrosa y Vasquez, 2011).

También se considera como factores de riesgo la ausencia de la lactancia materna, la historia de las infecciones respiratorias y gastrointestinales, así como los errores en el manejo médico y nutrición de estos episodios. Las infecciones intestinales recurrentes llevan a lesión de la mucosa del intestino delgado con atrofia de vellosidades, que conduce a una disminución de la superficie de absorción, inflamación por infiltración de la lámina propia y pérdida de la barrera epitelial que aumenta la probabilidad del paso de proteínas intactas potencialmente alergénicas que induzcan alergia alimentaria.

El compromiso del sistema inmunológico puede aumentar el riesgo de reacciones de hipersensibilidad retardada o infección por el virus de inmunodeficiencia humana u otros. Por lo tanto, se debe hacer hincapié en la necesidad de proporcionar un tratamiento dietético adecuado y reemplazo de las pérdidas hidroelectrolíticas durante los episodios agudos de diarrea para evitar que evolucione a diarrea persistente, lo que sin duda traerá consigo el agravamiento del estado nutricional del paciente, por lo tanto, en consecuencia un mayor riesgo de complicaciones y muerte (Larrosa y Vasquez, 2011).

Etiología

Las diarreas agudas obedecen en su gran mayoría a infecciones de diversas índoles (virales, bacterianas, parasitarias) por toxinas o por efecto adverso de algunos medicamentos. El rotavirus es la causa más frecuente de deshidratación aguda infantil por diarrea en países desarrollados, siendo su máxima incidencia en edades entre 3-15 meses de vida (Marrero y Soler, 2012).

La diarrea aguda infecciosa puede ser causada por un buen número de agentes bacterianos y protozoos, pero en más del 75% de los casos donde se llega a identificar la causa son producidos por virus (De Miguelsanzy y Romero, 2006).

El número de virus identificados como posibles causantes ha ido incrementándose con la mejora de las técnicas diagnósticas. El rotavirus es la causa más común de gastroenteritis en niños en todo el mundo, con más de 100 millones de casos al año, representa entre el 50-70% de todos los ingresos hospitalarios por diarrea aguda infecciosa grave y ocasiona 440.000 muertes al año (el 82% en países en vías de desarrollo). El más frecuente es el del grupo A, incide sobre todo entre los 6-24 meses de edad e infecta prácticamente a todos los niños en los primeros 4-5 años de vida. Le siguen en frecuencia: astrovirus (4-9%), adenovirus entérico (2-4%) y calcivirus, este último causante de la mayoría de brotes epidémicos en países industrializados (De Miguelsanzy y Romero, 2006).

Principales agentes infecciosos implicados en la diarrea aguda del niño.

Virus	Bacterias	Protozoos
Rotavirus	*Campylobacter jejuni*	*Giardia lamblia*
Calicivirus (epidémico)	Salmonella	*Entamoeba histolytica*
Astrovirus	*E. coli*	Cryptosporidium
Adenovirus entérico	Shigella	
Otros: Coronavirus, Torovirus, Norwalk-like. En inmunodeprimidos: Cytomegalovitus, virus de Epstein-Barr, Picomavirus.	*Yersinia enterocolitica* *Vibrio cholerae* *Aeromona hydrophila*	
	Plesiomona	
	Clostridium botulinum	

(De Miguelsanzy y Romero, 2006).

La etiología habitual de las diarreas agudas en la infancia nos permite agruparlas en dos grandes grupos: infectivas y alimentarias. Aunque deben considerarse otras posibilidades etiológicas como alérgica, funcional, hepatobiliar, pancreática o inflamatoria, que serán comentadas más adelante (Marrero y Soler, 2012).

Diarreas de origen alimentario

Este tipo de diarreas son cada día menos frecuentes siendo los factores que han motivado un cambio en su incidencia básicamente los siguientes:

-Mejor conocimiento de la maduración de las funciones en relación con la alimentación.

-Establecimiento de los requerimientos y aportes recomendados a cada edad.

-Estudios comparativos de la composición de leches de vaca y mujer.

-Desarrollo tecnológico que permite la fabricación de leches adaptadas mejor toleradas.

-Mejoría del nivel de educación sanitario de la población.

Dentro de las diarreas agudas de causa alimentaria clásicamente se distinguen varias causas:

-Hiperalimentación, con ingestión superior a la óptima, lo que puede desencadenar un aumento del reflejo gastrocólico y una digestión incompleta con escasa absorción de nutrientes osmóticamente activos.

-Hipoalimentación, con disminución del tono vellositario intestinal y un síndrome de mala absorción acompañante.

-Alimentación mal reglada, por introducción precoz de alimentos muy alergénicos, muy osmolares o no digeribles por inmadurez enzimática.

-Diarrea dietética, que se observa en situaciones como la ingesta de dietas con elevados residuos, dieta hídrica, ingestión de líquidos fríos (aumentan el reflejo gastrocólico), cambios en la composición de la fórmula, paso de lactancia materna a artificial, introducción de alimentos nuevos (Uyuguari y Alexandra, 2011).

Diarrea de origen Infectivo

La infección entérica produce un cuadro clínico caracterizado por diarrea, ocasionalmente fiebre y vómitos, con afectación más o menos importante del estado general, esta situación se denomina gastroenteritis aguda para diferenciarla de las diarreas agudas de otra etiología, incluidas aquellas en las que la infección esta fuera del tracto gastrointestinal o parenterales. La diarrea aguda puede ser un síntoma acompañante de cualquier infección parenteral, incluidas las infecciones de vías urinarias, de cavum faríngeo o las infecciones generalizadas. Existen otras muchas enfermedades distintas a la gastroenteritis, capaces de debutar como diarrea aguda, por todo ello, es importante insistir en que la presentación de diarrea en el niño no debe sistemáticamente relacionarse con la existencia de una infección entérica, que precisa de la interacción de tres factores:

a).-*Medio ambiente:* Por lo general, coincide la gastroenteritis del lactante con hacinamiento, falta de higiene y pobre educación sanitaria. Por otro lado, la pobreza influye de forma desfavorable sobre el estado nutritivo, responsable de una mayor susceptibilidad a las infecciones.

b).-*Huésped:* Entre los mecanismos de defensa del huésped frente al crecimiento de patógenos se incluyen algunos generales como: edad, estado nutritivo y general del huésped; también otros locales como la acidez del jugo gástrico, mecanismo de arrastre por las secreciones biliopancreáticas y peristaltismo, secreción de IgA, desarrollo de flora saprofita. Analizando las características del sistema defensivo intestinal del recién nacido y lactante se explica la mayor frecuencia de gastroenteritis en lactantes que presentan tanto inmadurez de la acidificación gástrica como de las secreciones biliopancreáticas, como un sistema inmunitario intestinal sin desarrollar con una flora saprofita que inicia su desarrollo al nacimiento y no completa su desarrollo definitivo hasta la edad de 2 años. Además, según el tipo de lactancia predomina un tipo u otro de flora bacteriana en el intestino del lactante, así la lactancia natural favorece una flora de tipo bifidobacilos; en tanto la lactancia artificial favorece el desarrollo de los anaerobios con predominio de los bacteroides (Uyuguari & Alexandra, 2011).

c).-*Agente:* La frecuencia de los agentes varía de unos medios a otros, influyen temperatura, hábitos higiénico-sanitarios y alimentarios, así como la edad del paciente (Uyuguari y Alexandra, 2011).

La etiología de las diarreas de origen infectivo se puede desglosar de la siguiente forma:

Bacterianas

Escherichia coli

Su periodo de incubación es de 24 a 72 horas. Se reconocen al menos tres grupos de *Escherichia coli* capaces de producir *diarrea* aguda en humanos. *Escherichia coli* enterotoxigénico, origina importante de diarrea en menores de dos años y de diarrea invasiva. La producción de enterotoxina está determinada por plásmidos. *Escherichia coli* enteroinvasivo, invade las células ciliadas del intestino grueso originando una diarrea disenteriforme; reguladas mediante plásmidos no pueden ser identificados por antisueros específicos. *Escherichia coli* enteropatógeno, no produce enterotoxina ni invade el epitelio intestinal. Posee anticuerpo somático O y flagelar H (Uyuguari y Alexandra, 2011).

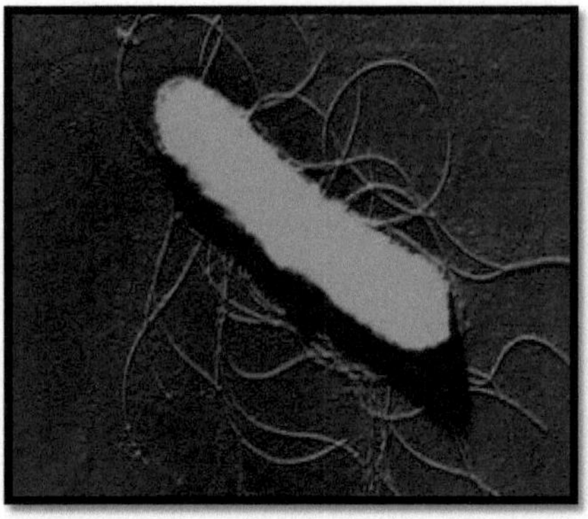

***Escherichia coli.* Imagen proveniente de microscopía electrónica.**
Fuente http://bacteriasactuaciencia.blogspot.mx/2011/05/vueltas-con-escherichia-coli.html

Salmonella

La enterocolitis por *Salmonella* que puede fluctuar entre una enfermedad diarreica leve a una severa. La infección se adquiere por la ingestión de alimentos o agua contaminados. El período de incubación de esta infección es de 8 a 48 horas después de la exposición y el trastorno agudo dura entre una a dos semanas. En algunos pacientes que han estado bajo tratamiento, la bacteria se alberga en la materia fecal durante meses. Existe un estado de portador en quienes tienen la bacteria durante un año o más, luego de la infección inicial. Las manifestaciones clínicas incluyen síntomas como fiebre, náuseas, vómitos o diarrea (Uyuguari y Alexandra, 2011).

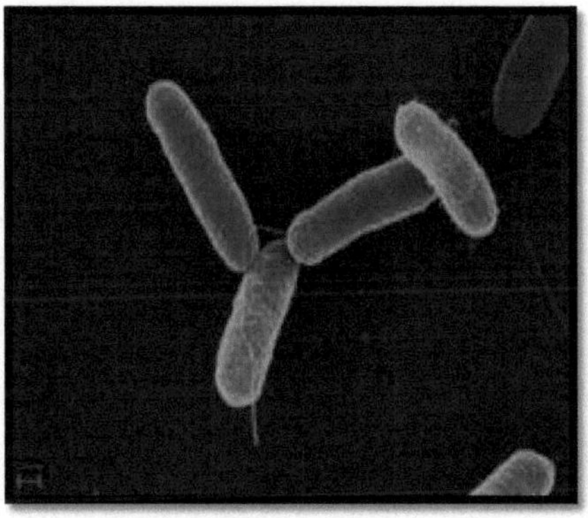

***Salmonella typhimurium* microscopia electrónica, uno de los organismos asociados a intoxicaciones alimentarias.**
Fuente: http://emedicine.medscape.com

Shigella

La gastroenteritis por este microorganismo se ha asociado con medidas sanitarias deficientes, suministros de agua inadecuados, alimentos contaminados, condiciones de hacinamiento e infestación de moscas. La enfermedad es común entre viajeros en países en vías de desarrollo. El período de incubación es de uno a siete días, con un promedio de tres. Además de los síntomas gastrointestinales, aparecen de forma característica síntomas neurológicos que pueden desarrollarse en niños y de forma menos común en los adultos. Hasta en el 40% de los niños con enteritis por *Shigella* severa se pueden presentar convulsiones (convulsiones febriles), dolor de cabeza, letargo, confusión y rigidez en el cuello (Uyuguari y Alexandra, 2011).

Campylobacter

La enteritis por *Campylobacter* es una causa de uno de los muchos tipos de la diarrea del viajero. Suele adquirirse al comer o beber agua o alimentos contaminados, a menudo carne de aves cruda, productos agrícolas frescos o leche no pasteurizada. También se puede adquirir por contacto cercano con personas o animales enfermos. El período de incubación es de dos a cuatro días antes de que aparezcan los síntomas, los cuales suelen durar una semana. Las personas inmunodeprimidas son más susceptibles a la sepsis, endocarditis, meningitis y tromboflebitis por diseminación de la bacteria. Algunos pacientes presentan una artritis reactiva (síndrome de Reiter) después de una enteritis por *Campylobacter* y en 1 de cada 1.000 personas afectadas por esta infección evoluciona a un síndrome de Guillain-Barré (Uyuguari y Alexandra, 2011).

Virales y otras

Rotavirus

Constituidos por un genoma de RNA, pertenecen a la familia Reoviridae. El grupo A de *rotavirus*, más frecuente en pediatría incluye al menos 14 serotipos de *rotavirus*. Otras partículas virales responsables de diarrea en la infancia incluyen al agente de Norwalk (virus DNA, del grupo de los parvovirus), adenovirus entérico y coronavirus (RNA) (Uyuguari y Alexandra, 2011).

Posterior a la entrada del virus al tracto GI, se adhiere al epitelio principalmente de la mucosa yeyunal dañando las micrvellosidades apicales, produciendo la activación del sistema nervioso entérico y la elaboración de una enterotoxina con la consecuente disminución en la absorción de agua y electrolitos, produciendo una diarrea principalmente (Suáres, 2006).

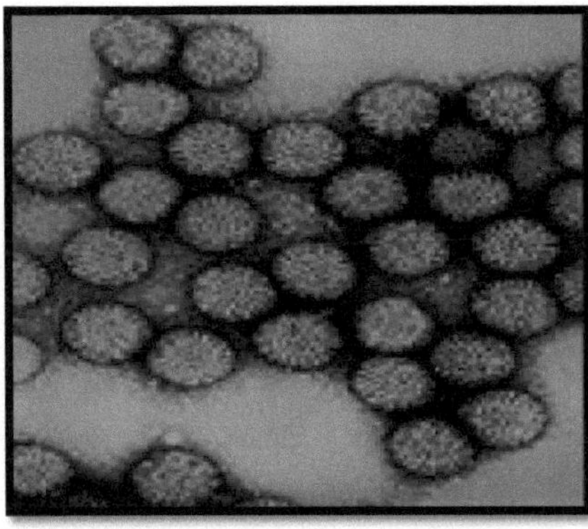

Transmisión microscópica electrónica de rotavirus.
Image courtesy of Centers for Disease Control and Prevention. Fuente: http://emedicine.medscape.com/article/803885-overview

Parasitaciones intestinales

Los parásitos que pueden originar diferentes tipos de diarreas son los *Protozoos* (Giardia lamblia, Entamoeba histolytica, Criptosporidium), nemátodos (Ascaris lumbricoides, Trichuris trichiura, Capillaria philipinensis) o cestodos, estos últimos causa poco habitual de diarrea (Uyuguari y Alexandra, 2011).

Hongos

Entre los hongos que pueden causar diarreas se encuentran los siguientes: Histoplasma principalmente junto con candida, y en menor grado el hongo mucor. (Uyuguari y Alexandra, 2011).

Fisiopatología

En términos generales, la diarrea de causa infecciosa se produce cuando el volumen de agua y electrólitos presentado al colon excede su capacidad de absorción, eliminándose de forma aumentada por las heces. La gran pérdida de líquidos y electrólitos puede derivar en un cuadro de deshidratación. Esto es más frecuente en el niño pequeño por tener una mayor área de superficie corporal en relación con el peso que el adulto y, por lo tanto, unas mayores pérdidas insensibles. Además, existe un flujo de agua y electrólitos más cuantioso por el intestino. En estas edades hay también un riesgo nutricional más importante por existir una gran respuesta catabólica frente a las infecciones y una depleción de las reservas nutricionales más rápida que en el adulto.

Los factores que influyen en la afectación nutricional son, en primer lugar, la disminución de la ingesta calórica por la hiporexia concomitante y la restricción alimentaria habitualmente indicada, y, en segundo lugar, la posible existencia de mala absorción de nutrientes secundaria a la lesión intestinal.

En el intestino delgado se produce la absorción del agua y electrolitos por las vellosidades del epitelio y simultáneamente, la secreción de éstos por las criptas. Así, se genera un flujo bidireccional de agua y electrolitos entre el lumen intestinal y la circulación sanguínea. Normalmente la absorción es mayor que la secreción, por lo que el resultado neto es absorción, que alcanza a más del 90% de los fluidos que llegan al intestino delgado. Alrededor de un litro de fluido entra al intestino grueso, donde, por mecanismo de absorción, sólo se elimina entre 5-10 ml/kg/24 horas de agua por heces en lactantes sanos.

Por lo tanto, si se produce cualquier cambio en el flujo bidireccional, es decir, si disminuye la absorción o aumenta la secreción, el volumen que llega al intestino grueso puede superar la capacidad de absorción de éste, con lo que se produce diarrea (Guerrero, 2015).

Tratamiento con probióticos.

Diarrea aguda

Se ha probado que varias cepas probióticas, incluyendo *L. reuteri* ATCC 55730, *L. rhamnosus* GG, *L. casei* DN -114 001, y *Saccharomyces cerevisiae* (*boulardii*) sirven para reducir la severidad y duración de la diarrea infecciosa aguda en niños. La administración oral de probióticos acorta la duración de la enfermedad diarreica aguda en niños aproximadamente un día. Varios meta-análisis de ensayos clínicos controlados que muestran resultados consistentes en revisiones sistemáticas, sugiriendo que los probióticos son seguros y eficaces. La evidencia que surge de los estudios en la gastroenteritis viral es más convincente que la evidencia en las infecciones bacterianas o parasitarias. Existe evidencia de eficacia de algunas cepas de lactobacilos, por ejemplo, (*Lactobacillus casei GG* y *Lactobacillus reuteri* ATCC 55730) y para *Saccharomyces boulardii*. También es importante considerar la oportunidad de la administración (Román y Álvarez, 2013).

Prevención

Para la prevención de la diarrea en el adulto y en pediatría, solamente hay evidencia sugestiva que *Lactobacillus* GG, L. *casei* DN-114 001, y *S. boulardii* son eficaces en alguna situación específica (Guarner *et al.*, 2008).

Eficacia

La administración de *Lactobacillus rhamnosus* cepa GG ha demostrado en múltiples estudios controlados su utilidad en el tratamiento de la gastroenteritis pediátrica, reduciendo de forma significativa la duración de la diarrea, además, el efecto de este lactobacilo mayor cuando el agente etiológico del cuadro es el rotavirus (Uyuguari y Alexandra, 2011).

La utilidad de los probióticos en el tratamiento de la gastroenteritis del adulto ha sido menos estudiada. Sin embargo, algunos probióticos como el *Enterococcus faecium SF68* ha demostrado también ser eficaz en reducir la duración de la diarrea en varios estudios controlados. Los probioticos que incluyen a los Lactobacillus y bífidobacterias, podrían inhibir a los patógenos entéricos mediante la secreción de agentes antibacterianos. Adicionalmente, la competencia por receptores de la mucosa intestinal podría prevenir la adhesión y sobrecrecimiento de bacterias gram negativas aerobias enterotóxicas y virus enteropatogénicos y de esta manera permitir la adherencia de organismos más baneficiosos a la superficie intestinal.

El aumento de la producción de ácidos grasos volátiles y la reducción del pH fecal podrían también jugar un rol crucial en la inhibición de los organismos enterotóxicos. Además, la ingestión de Lactobacillus podría ejercer efectos inmunomoduladores que disminuirían la inflamación intestinal. Hay diversos estudios que apoyan el uso de los probióticos. Rautanen y Cols estudiaron 123 niños menores de 3 años con diarrea por Rotavirus confirmada en el 93% de los casos. La administración temprana de Lactobacillus GG, junto con solución de hidratación oral hipoosmótica acortó el tiempo de evolución de la diarrea, permitió mayor ganancia de peso en los niños afectados y disminuyó en forma notoria la acidosis metabólica asociada al padecimiento. Sugieren que los probióticos deben administrarse con la solución de hidratación oral durante la fase de rehidratación temprana (Khan *et al.,* 2009).

Diarrea asociada a antibiótico (DAA)

En la diarrea asociada a los antibióticos existen fuertes evidencias de la eficacia de los probioticos en adultos o niños que reciben antibióticos. Los estudios realizados han podido demostrar que los probióticos en combinación con antibióticos reducen el riesgo de diarrea asociada a los mismos. No hay, por el momento, estudios concluyentes para recomendar de manera rutinaria el empleo conjunto de probióticos y antibióticos, aunque algunas cepas, principalmente *S. boulardii y L. rhammnosus GG*, han demostrado su eficacia disminuyendo la incidencia de DAA. Su administración debe realizarse al principio del tratamiento y no cuando se ha desencadenado el cuadro (Álvarez *et al.*, 2013).

Mecanismo de acción de los probióticos

Se ha postulado una triple actividad o mecanismo de acción de los probióticos: actividad antimicrobiana, mejoría de la barrera intestinal e inmunomodulación (Alfaro, *et al.*, 2013).

Clásicamente se ha atribuido el efecto de los probióticos a su capacidad de modificar la composición de la microbiota intestinal de potencialmente dañina a beneficiosa para el hospedador. Sin embargo, el mejor conocimiento de estos microorganismos ha permitido establecer diferentes acciones a través de los cuales efectos beneficiosos.

a).-Competición con bacterias nocivas por:

- desplazamiento de su sitio de unión al epitelio.
- inhibición de su crecimiento y/o muerte mediante la producción de compuestos antibacterianos o reducción de pH.

b).-Mejora de la función de la barrera intestinal.

c).-Producción de nutrientes importantes para la función intestinal.

d).-Inmunomodulacion (Castro y De Rovetto, 2006).

Competición con bacterias patógenas

Como se ha comentado anteriormente, los probióticos son bacterias sin capacidad patógena, capaces de prevenir la adherencia, establecimiento, replicación y/o la acción de las bacterias patógenas. Entre los posibles mecanismos se incluye una modificación del pH en el lumen intestinal, debido fundamentalmente a la producción de ácidos orgánicos, principalmente lactato y los ácidos grasos de cadena corta acetato, propionato y butirato, como consecuencia de su capacidad fermentativa sobre la fibra dietética.

Otro mecanismo involucrado es la producción de compuestos antibacterianos como pueden ser bacteriocinas o peróxido de hidrogeno.

Por ejemplo, *Lactobacillus salivarius ssp.* Inhibe el crecimiento de microorganismos patógenos, como *Listeria monocytogenes* o *Sthaphilococcus aureus* resistentes a la meticilina, como consecuencia de su capacidad de producir el factor antimicrobiano ABP118.

Sin embargo, el desplazamiento de bacterias nocivas no necesariamente implica actividad bacteriostática o bactericida, sino que puede ser consecuencia de la competición física por unirse al epitelio, consumiendo también los sustratos disponibles para las bacterias patógenas. Así, distintos ensayos in vitro e in vivo han demostrado el efecto competitivo ejercido por *Bifidobacterium infantis* sobre el crecimiento de *Bacteroides vulgatus* (Arribas, 2009).

Mejora de la función de la barrera intestinal

El tracto gastrointestinal, al tratarse de la mayor superficie del cuerpo en continuo contacto con el medio externo, cuenta con distintos mecanismos que tratan de prevenir la entrada de compuestos o agentes potencialmente lesivos para el organismo. Para este cometido, la monocapa epitelial y el revestimiento de moco que la recubre, junto con las uniones estrechas que mantienen unidos a los enterocitos, forma una barrera física que previene la entrada a la lámina propia de microorganismos potencialmente patógenos y de antígenos luminales.

Por otro lado, la inmunoglobulina (IgA) secretada por el intestino, además de bloquear la unión de microorganismos patógenos al epitelio, evitando por tanto su posterior acceso a la lámina propia intestinal, es también capaz de aglutinar bacterias y virus en unos grandes complejos que son atrapados en la barrera de moco y eliminados en las heces.

Un ejemplo de la importancia del mantenimiento de la función de barrera del intestino, lo constituye la enfermedad inflamatoria intestinal, en donde se ha descrito que la integridad de la barrera epitelial está comprometida, lo que permite el paso de antígenos luminales a la lámina propia, que pueden desencadenar una respuesta inmune exagerada y contribuir de forma clave en la perpetuación del proceso inflamatorio en el intestino.

Se ha postulado que los probióticos podrían facilitar la reversión de esta situación y normalizar la permeabilidad intestinal incrementada, mejorando así la respuesta inflamatoria intestinal. Apoyando esto, se ha descrito que *Lactobacillus casei* y *Clostridium butyricum* promueven la proliferación de las células epiteliales intestinales en rata (hasta un 200% en el colon), mejorando de esta forma la protección del tejido intestinal (Arribas, 2009).

Producción de nutrientes importantes para la función intestinal

Los ácidos grasos de cadena corta (AGCC), principalmente acetato, propionato y butirato, generados principalmente en el intestino grueso, son los productos finales en la fermentación llevada a cabo por la flora bacteriana comensal de los carbohidratos procedentes de la dieta que no han sido digeridos en el intestino delgado. Son la principal fuente de energía para los colonocitos, regulando su desarrollo y diferenciación.

Además, y en íntima relación con su capacidad de colaborar en la función de barrera intestinal, tienen efectos tróficos sobre el epitelio intestinal, lo que es de gran importancia para la recuperación de la integridad del epitelio en caso de daño y para la reducción del riesgo de translocación bacteriana, que puede tener lugar en situaciones de alteración de la barrera intestinal como en la enfermedad inflamatoria intestinal (Arribas, 2009).

Inmunomodulación

El sistema inmunitario intestinal constituye la parte más extensa y compleja del sistema inmunitario, ya que, al estar en contacto con el exterior, recibe diariamente una enorme carga antigénica, debiendo distinguir entre potenciales patógenos y antígenos inocuos como son las proteínas de la dieta, como también las bacterias comensales (Taranto *et al.*, 2005).

Efecto inmunomodulador de varios probióticos.

Probiótico	Efecto
Lactobacillus gasseri	↑ Proliferación células B
Lactobacillus rhamnosus HN001	↑ Capacidad fagocítica
Bifidobacterium lactis HN019	↑ Capacidad fagocítica
Bifidobacterium lactis HN019	↑ Capacidad fagocítica

Bifidobacterium breve	↑ Proliferación células B con aumento IgA
Streptococcus thermophilus	↑ IL-6, TNFα
Lactobacillus acidophilus Ke-10	↑ IL-2
Lactobacillus casei GG	↑ Células secretoras IgG

(Arribas, 2009).

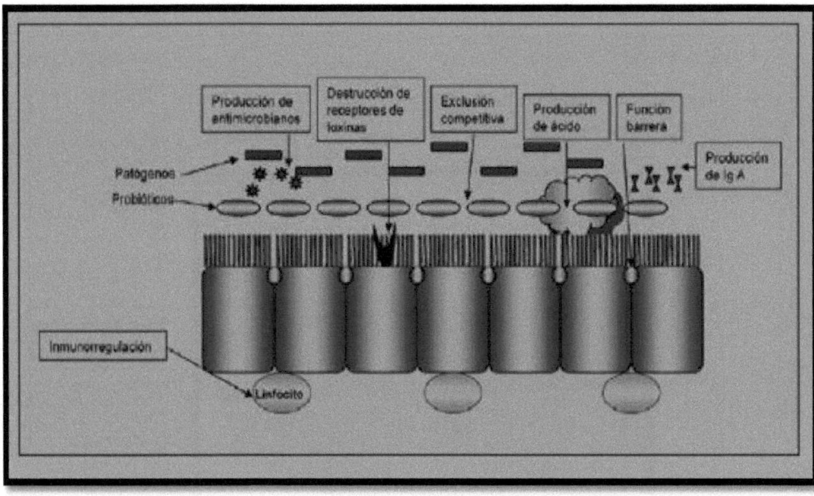

Mecanismo de la actividad probiótica (Olveira y González, 2007).

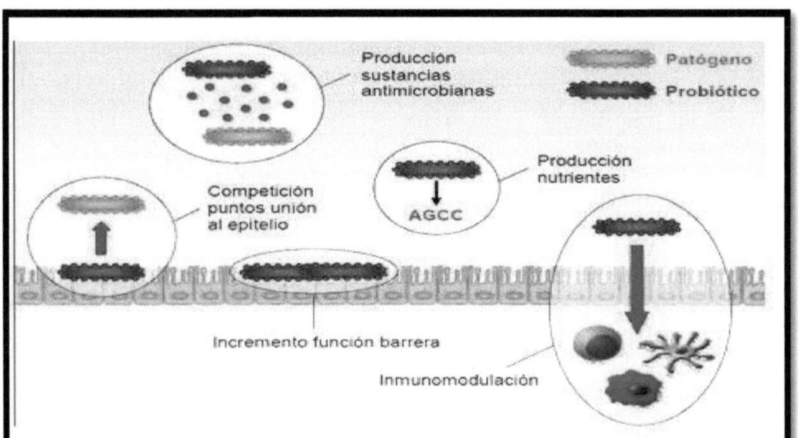

Mecanismo de acción ejercido por las bacterias probióticas (Arribas, 2009).

a).-Producción de ácidos grasos de cadena corta →Disminución pH – pH <4: no es tolerado por determinados gérmenes →Cambios en la actividad enzimática.

- ⇑ Lactasa
- ⇑ Glicosidasa
- ⇓ Nitroreductasa, B-Glucuronidasa, azoreductasa (Arribas, 2009).

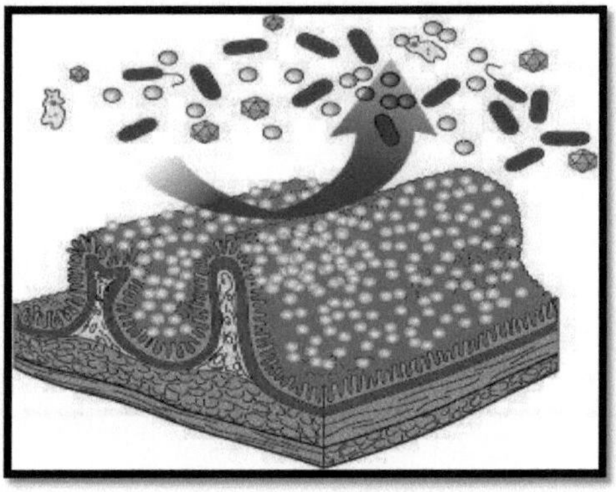

Eficacia clínica de los probióticos: *review of the evidence with focus on children JPGN 43:550-557*

b).-Efecto competitivo con otras bacterias ocupantes (inhibiendo el crecimiento o competición por nutrientes).

c).-Capacidad de adhesión:

– Barrera mucosa más específica y más efectiva.

–IN VITRO: cepas adherentes de bifidobacteria capacidad de competir con patógenos en la adhesión al epitelio.

–Aumentan la expresión de determinados genes MUC2 y MUC3 (mucinas ileocolónicas) (Luján, 2011).

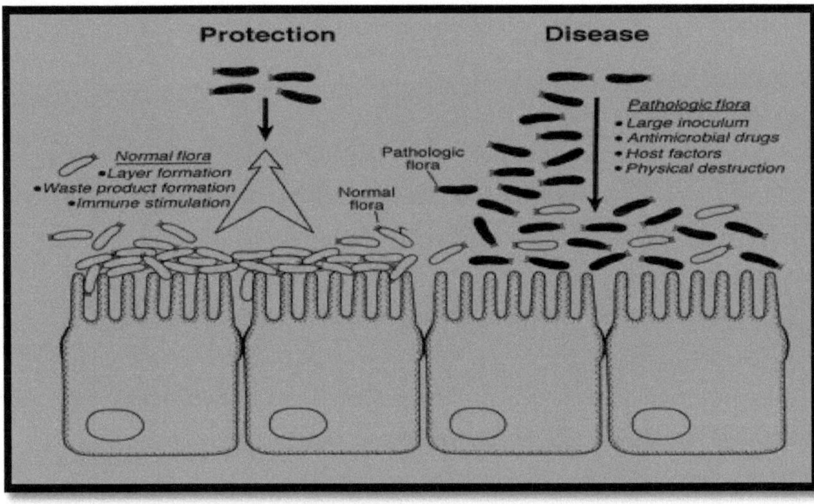

Mecanismo de adhesión de probióticos en el cual compiten por el sitio de unión contra las bacterias patógenas.
http://www.alertanutricional.org/previa/probioticos.htm.

d).-Capacidad de secreción de lactobacilos y bacterias bífidas de antibióticos naturales (lactocinas, helveticinas, curvacinas, nicinas y bifidocinas).

e).-Inmunomodulador: Estimulan el sistema inmune del huésped y a los macrófagos, también modulan la respuesta de inmunoglobulinas (Luján, 2011).

Mecanismos de las interacciones probióticas con el huésped

La simbiosis entre la flora bacteriana y el huésped puede optimizarse mediante intervención farmacológica o nutricional sobre el ecosistema de los microrganismos intestinales usando probióticos o prebióticos. (Guarner *et al.*, 2008).

Probióticos

Beneficios inmunológicos

– Activa los macrófagos locales para aumentar la presentación de los antígenos a los linfocitos B y aumenta la producción de inmunoglobulina A secretoria (IgA) tanto local como sistémicamente

– Modula los perfiles de citoquinas

– Induce disminución de la respuesta a los antígenos de los alimentos

Beneficios no inmunológicos

– Digiere los alimentos y compite con los patógenos por los nutrientes

– Altera el pH local para crear un ambiente local desfavorable para patógenos

– Produce bacterioquinas para inhibir los patógenos

– Fagocita radicales superóxidos

– Estimula la producción epitelial de mucina

– Aumenta la función de barrera intestinal

– Compite por adherencia con los patógenos

– Modifica las toxinas de origen patógeno (Guarner *et al.,* 2008).

Hay que decir, sin embargo, que no todos los microorganismos probióticos inducen el mismo tipo de efectos ni con la misma intensidad sobre la respuesta inmune o sobre los microorganismos presentes en la luz intestinal. Los efectos de los diferentes probióticos pueden variar dependiendo del huésped (hay que recordar que la flora comensal queda establecida a partir de los dos años de edad variando según diversos factores como el tipo de lactancia y, a partir de entonces varía muy poco en cada individuo) y de las características de su enfermedad.

De momento, se desconoce cuál es el mecanismo de acción detallado para cada uno de los probióticos. Por este motivo, junto con la variabilidad de las características del huésped al que se administre (bebés, niños, adultos o viejos) y de su estado de salud (sanos, enfermedades infecciosas, immunoinflamatorias, neoplásicas), resulta difícil evaluar cuál es el probiótico más idóneo para cada situación (Uyuguari y Alexandra, 2011).

Dosis

La dosis de probióticos necesaria varía enormemente según la cepa y el producto. Algunos productos han demostrado ser eficaces a niveles más bajos, mientras que otros requieren cantidades muchos mayores. Por ejemplo, *Bifidobacterium infantis* fue eficaz para aliviar los síntomas del SII (síndrome del intestino irritable) a dosis de 100 millones de unidades formadoras de colonia/día, mientras que hay estudios con VSL#3 que han utilizado sachets con 300–450 mil millones de unidades formadoras de colonias tres veces por día. No es posible establecer una dosis general para los probióticos; la dosificación tiene que estar basada en estudios en humanos que muestren un beneficio a la salud (Guarner *et al.*, 2008).

Los alimentos funcionales elaborados con probíoticos deben contener por lo menos 10 millones de células viables por cada 100 mL, dosis ideal para lograr los efectos deseados y aumentar las defensas naturales. Por lo cual, no es posible establecer una dosis general para los probióticos; la dosificación tiene que estar basada en estudios en humanos que muestren un beneficio a la salud. Sin embargo, la dosis dependerá del microorganismo utilizado, de la forma de consumo y del efecto que se desee obtener (Guarderas, 2012).

Prebióticos

Los prebióticos brindan un efecto fisiológico beneficioso al huésped, estimulando selectivamente el crecimiento favorable o la actividad de un número limitado de bacterias autóctonas.

Algunos efectos metabólicos de prebióticos son: producción de ácidos grasos de cadena corta, metabolismo graso, absorción de iones Calcio (Ca), Hierro (Fe), Magnesio (Mg) (Guarner *et al.*, 2008).

Relación prebiótico-probiótico

Es responsabilidad de la microbiota intestinal, fundamentalmente las bifidobacterias y los lactobacilos, la producción de AGCC y ácido láctico, como consecuencia de la fermentación de carbohidratos no digeribles. Estos productos disminuyen el pH en el colon creando un ambiente donde las bacterias potencialmente patógenas no pueden crecer y desarrollarse.Los prebióticos constituyen el sustrato fundamental (el "alimento") de las bacterias probióticas (De las Cagigas y Anesto, 2002).

Simbióticos

La combinación de prebióticos con probióticos se ha definido como simbiótico, la cual beneficia al huésped mediante el aumento de la sobrevivencia e implantación de los microorganismos vivos de los suplementos dietéticos en el sistema gastrointestinal.

Aún está poco estudiada esta combinación, que podría aumentar la supervivencia de las bacterias en su fase de tránsito intestinal y, por cual, aumentaría su potencialidad para desarrollar su función en el colon. Se ha descrito un efecto sinérgico entre ambos, es decir, los prebióticos pueden estimular el crecimiento de cepas específicas y por tanto contribuir a la instalación de una microbiota bacteriana específica con efectos beneficiosos para la salud (Olagnero *et al.*, 2007).

Efectos adversos

En general no se han reportado efectos adversos importantes al utilizar probióticos como tratamiento de las diarreas agudas. Los estudios están realizados en pacientes inmunocompetentes, por lo tanto, no es posible extender esta conclusión a pacientes con algún tipo de compromiso inmunológico (Uyuguari y Alexandra, 2011).

Los probióticos son generalmente bien tolerados y la frecuencia de efectos adversos ha sido descrita entre 0.05-0.4%. Eventos adversos como endocarditis, fungemia, bacteremia, diarrea son extremadamente raros. Si la viabilidad de los probióticos no fuese esencial, como ha sido sugerido por algunos estudios, bacterias no-viables irradiadas o incluso productos bacterianos podrían ser alternativas atractivas en pacientes inmunocomprometidos, si se llega a demostrar realmente que la administración de probióticos viables es un riesgo en este grupo de pacientes (Quera *et al.*, 2005).

Recomendaciones.

La administración de los probióticos en fases previas o edades tempranas de la infección incrementa su eficacia frente a estas enfermedades, destacando el carácter preventivo de estos microrganismos, así como el de los alimentos funcionales que los contienen.

Finalmente, considerando las evidencias existentes sobre los efectos benéficos que los probióticos ejercen sobre la salud y, especialmente, sobre el fortalecimiento de las defensas de la población infantil, se deberían intensificar los esfuerzos orientados a la validación de su potencial terapéutico mediante un mayor número de ensayos clínicos rigurosos científicos.

Bibliografía

1- Alfaro, M., Manrique, R. S., y Fernández, L.M. 2013. Empleo clínico de los probióticos y aspectos prácticos de su empleo. *Nutrición Hospitalaria*, *28*, 68-70.

2- Álvarez-C.G., Pérez, M.J., Tolín, M., y Sánchez, C. 2013. Aplicaciones clínicas del empleo de probióticos en pediatría. *Nutrición Hospitalaria*, *28*(3), 564-574.

3- Aranceta, B. J. 2010. Nuevos retos de la nutrición comunitaria. *Revista Española de Nutrición Comunitaria*, *16*(1), 51-55.

4- Arribas, M. B. 2009. *Probióticos: una nueva estrategia en la modulación del sistema inmune* (Doctoral dissertation, Tesis de Doctorado]. Granada: Universidad de Granada).

5- Bhutta, Z. A., Sommerfeld, J., Lassi, Z. S., Salam, R. A., & Das, J. K. (2014). Global burden, distribution, and interventions for infectious diseases of poverty. Infectious diseases of poverty, 3, 1-7.

6- Bousvaros, A., Guandalini, S., Baldassano, R. N., Botelho, C., Evans, J., Ferry, G. D.,& Hibberd, P. L. (2005). A randomized, double-blind trial of Lactobacillus GG versus placebo in addition to standard maintenance therapy for children with Crohn's disease. Inflammatory bowel diseases, 11(9), 833-839.

7- Cabrera, C. Y., y Fadragas, F. A. 2005. Probióticos y salud: una reflexión necesaria. Revista Cubana de Medicina General Integral, 21(3-4).

8- Cáceres, P., & Gotteland, M. (2010). Alimentos probióticos en Chile:¿ Qué cepas y que propiedades saludables?. Revista chilena de nutrición, 37(1), 97-109.

9- Castro, L. Á., y De Rovetto, C. 2006. Probióticos: utilidad clínica. *Colombia Médica*, *37*(4), 308-314.

10-Cervantes, G.A. 2014. Probióticos y salud humana. Universidad Autónoma de México. Facultad de Química.México D.F.

11-De las Cagigas, R. A. L., y Anesto, J. B. 2002. Prebióticos y probióticos, una relación beneficiosa.*Revista Cubana Aliment Nutr*, *16*(1), 63-8.

12-Delgado-Sánchez, G., Ferreira-Guerrero, E., Ferreyra-Reyes, L., Mongua-Rodríguez, N., Martínez-Hernández, M., Canizales-Quintero, S., & García-García, L. (2023). Porcentaje de enfermedad diarreica aguda en menores de cinco años en México. Ensanut Continua 2022. salud pública de México, 65, s39-s44.

13-De Miguelsanzy, C. J. M. M., y Romero, C. 2006. DIARREA AGUDA.*Enfermedades digestivas en niños*, 41.

14-Enríquez, B. H., Shineider, R., Rodriguez, T. J. 2010. Sindrome de intestino irritable y otros trastornos relacionados. Ed. Médica Panamericana.pp. 208-209.

15-Esparza, J. A. R., y Fragoso, L. R. 2010. ¿Qué sabe Ud. acerca de… los probióticos?*Revista Mexicana de Ciencias Farmacéuticas*, *41*(1), 60-63.

16-FAO. 2006. Probióticos en los alimentos. Propiedades saludables y nutricionales y directrices para la evaluación. Estudio FAO/OMS. Alimentación y nutrición. Córdoba Argentina.

17-Fuller, R. 1989. Probiotics in man and animals. J. Appl. Bacteriol. 66: pp. 365–378.

18-González, S. B., Barrientos, E. T., y Sánchez, V. M. 2015. Efectos de un preparado probiótico en un modelo de colitis experimental crónica en ratones, inducida por la ingesta de dextrano sulfato sódico (DSS). CIENCIA E INNOVACION EN SALUD, 3(1).

19-Gibson G.R. y Roberfroid M.B. 1995. Dietary modulation of the human colonic microbiota: introducing the concept of prebiotics. The Journal of Nutrition 125: 1401- 1412.

20-Guarderas, V. L. F. 2012. Probioticos como coadyuvantes en el manejo de la enfermedad diarreica aguda y su evolución, en los niños de 2 años a 4 años en el área de pediatría del Hospital de Saraguro periodo Enero a Junio del 2012.

21-Guarner, F., Khan, A., y Garrís, J. 2008. Guía práctica de la Organización Mundial de Gastroenterología: Probióticos prebióticos. 2008.

22-Guerrero, J. C. V. 2015. Incidencia del síndrome diarreico agudo por examen corrológico y coproparasitario complementado con una biometría hemética en niños menores de 4 años en el Hospital Teófilo Dávila del año 2014.

23-Ingraham, J. L, Ingraham, C. 1998 Introducción a la microbiología, Volumen 2. Editorial Reverte, pp.345.

24-Khan CH, M. A. R. I. A. N. A., Fuentes, F., y Villarroel, G. 2009. Probióticos en diarrea aguda infecciosa.*Revista chilena de pediatría*, *80*(2), 129-136.

25-Larrosa, H. A. y Vasquez, G. E. M. 2011, Nutricion y enfermedades del aparato digestivo en niños. Nestlé Nutrition Institute Workshop LATAM, Vol. 2 Programa de pediatría.

26-Lilly, D. M. & Stillwell, R. H. (1965). Growth promoting factors produced by probiotics. Science, 147, 747-8.

27-Lorente, B. F., y Serra, D. J. 2001. Alimentos funcionales: probióticos. *Acta Pediatr Espan*, *59*(3), 150-5.

28-Lorrot M, Vasseur M. 2007. How do the rotavirus NSP4 and bacterial enterotoxins lead differently to diarrhea? Virology Journal, 4:31.

29-Luján, B. N. 2011. Expresión de mucinas y moléculas relacionadas en los carcinomas mucoepidermoides de glándulas salivales: implicaciones diagnósticas y pronósticas.

30-Maevskaya, M.V. 2009. Las posibles aplicaciones de los probióticos en gastroenterología. Rusia Diario de Gastroenterología, Hepatología y Coloproctología, (5), 65-72.

31-Manzano, C., Estupiñán, D., y Poveda, E. 2012. Efectos clínicos de los probióticos: qué dice la evidencia. *Revista chilena de nutrición*, *39*(1), 98-110.

32-Marcos, M. J. P. 2013. Uso de prebióticos y probióticos en las fórmulas lácteas infantile. *Nutrición hospitalaria: Organo oficial de la Sociedad española de nutrición parenteral y enteral*, *28*(1), 53-55.

33-Marrero, Y. H., y Soler, R. M. T. 2012. Probióticos más triple terapia contra el Helicobacter pylori en niños. *Pediatría, 15*, 11.

34-Martínez, G. 2013. Sección Probioticos, La microflora bacteriana. Sección de Gastroenterología. Hospital Universitario de Niño Jesús. Madrid.

35-Metchnikoff, E. 1907. Lactic acid as inhibiting intestinal putrefaction. In: The prolongation of life: Optimistic studies. W. Heinemann, London: 161-183.

36-Mitsuoka. (1982) "Recent trends in research on intestinal flora,"Bifidobacteria Microflora, vol. 1, pp. 3–24, 1982.

37-Mokomane M, Kasvosve I, De Melo E, Pernica J G. The global problem of childhood diarrhoeal diseases: emerging strategies in prevention and management. Ther Adv Infect Dis. 2018; 5 (1): 29-43. doi: 10.1177/2049936117744429.

38-Olagnero, G., Abad, A., Bendersky, S., Genevois, C., Granzella, L., & Montonati, M. 2007. Alimentos funcionales: fibra, prebióticos, probióticos y simbióticos. *Diaeta, 25*(121), 20-33.

39-Quera, P., Quigley, E., Madrid, S., y María, A. 2005. El rol de los prebióticos, probióticos y simbióticos en gastroenterología. *Gastroenterol. latinoam, 16*(3), 218-228.

40-Quintana, L. P., Materno-Infantil, C. H. U. I., y Palmas, L. 2010. Probióticos en la etapa pediátrica. *Can Pediatr, 34*(3), 33-39.

41-Román, R. E., y Álvarez, C. G. 2013. Empleo de probióticos y prebióticos en pediatría. *Nutrición Hospitalaria, 28*, 42-45.

42-Salazar, B., y Montoya, C. 2003. Importancia de los probióticos y prebióticos en la salud humana. *Vitae (Medellín), 10*(2), 20-26.

43-Sinave y DGE. 2013. *Información Epidemiológica de Morbilidad. Anuario Ejecutivo 2012*. Sistema Nacional de Vigilancia Epidemiológica, Dirección General de Epidemiología, Secretaría de Salud. México.

44-Suáres, C. E. 2006. Diarrea por rotavirus. *Suáres Castaneda, E. Diarrea por rotavirus. El Salvador Ciencia y Tecnología, 11 (15), 12-13.*

45-Taranto, M. P., Médici, M., y Font de Valdez, G. 2005. Alimentos funcionales probióticos. *Revista QuímicaViva, 4*(1).

46-Tissier, H. 1906. Traitement des infections intestinales par la méthode de la flore bactérienne de l'intestin. C. R. Soc. Biol. 60:359-361.

47-Troche, J. M. R., y Franco, M. A. T. 2010. Guía de diagnóstico y tratamiento de la diarrea crónica. Manejo del enfermo con diarrea crónica y situaciones especiales. *Revista de Gastroenterología de México*, *2*(75), 231-236.

48-Uyuguari, A., y Alexandra, K. 2011. Eficacia de los probióticos en el tratamiento de la diarrea aguda infecciosa en pacientes pediátricos Hospital Nacional de Especialidades Guayaquil Dr. Abel Gilbert Ponton".

49-Viteri Macias, C. B. (2023). Factores de riesgo que influyen en enfermedades diarreicas agudas en preescolares que son atendidos en la consulta externa en el Hospital Básico de San Miguel diciembre 2022-abril 2023 (Bachelor's thesis, Babahoyo: UTB-FCS, 2023).

50-Vollaard, E. J., & Clasener, H. A. (1994). Colonization resistance. Antimicrobial agents and chemotherapy, 38(3), 409-414.

51-Weitz, V.J., Berger, T.Z., Sabah, T.S., Silva, C.H. 2008. Diagnóstico y tratamiento de las enfermedades digestivas. Sociedad Chilena de Gastroenterología. Editorial IKU. Santiago de Chile.

Índice

Resumen 1
Introducción 2
Probióticos 4
Historia 5
Características de los probióticos 8
Microbiota intestinal 12
Desarrollo de la microbiota gastrointestinal (GI) 13
Composición de la microbiota bacteriana en el ser humano 14
Ecosistema microbiológico e inmunidad de la mucosa 16
Yeyuno e íleon 17
Géneros, especies, y cepas de probióticos 18
Bacterias productoras de ácido láctico 19
Productos, postulados sobre la salud y comercio. Potencial de mercado 20
Presentación de los probióticos 23
Medición de los beneficios de los probióticos para la salud 24
Beneficios de los microorganismos probióticos 25
Aplicaciones clínicas 25
Colitis ulcerosa 27
Enfermedad de Crohn 28
Epidemiología 31
Diagnóstico 32
Patogenia 34
Etiología 37
Principales agentes infecciosos implicados en la diarrea aguda del niño. 38
Diarreas de origen alimentario 39
Diarrea de origen Infectivo 40
Bacterianas 44

Virales y otras 44
Fisiopatología 46
Tratamiento con probióticos 47
Mecanismo de acción de los probióticos 49
Competición con bacterias patógenas 50
Mejora de la función de la barrera intestinal 51
Inmunomodulación 52
Mecanismos de las interacciones probióticas con el huésped 55
Recomendaciones 60
Bibliografía 61

MIX
Papier aus verantwortungsvollen Quellen
Paper from responsible sources
FSC® C105338

Printed by Books on Demand GmbH, Norderstedt / Germany